医歯系学生のための
物理学入門

Physics for
Medical and Dental
Students

豊田紘一

永末書店

はじめに

　この本は、主に大学の医学部や歯学部の初学年の学生のための、力学を中心とする物理学の入門書である。高校で学んだ物理学の基礎のうえに、医学・歯科医学を学んでいくうえで必須となる基礎知識とその応用を、生体系での事例を多く取り上げながら学習し、物理学の有効性を会得しつつ、併せて関連する専門分野の学習の一助となることを目的としている。

　今日、多くの医学部や歯学部において、新たに医療の道を志す学生諸君に対して物理学全体の基礎を体系的に教えることは、カリキュラム上の制約や配当される時間数の減少によりきわめて困難となっている。こうした制約に加えて、多くの学生は、学習した物理学の内容が自分たちの最大の関心事である生体系や医療にどう適用できるかについて、初めは戸惑い、次には大きな壁を感じているのではと思われる。こうした教育上の課題に対しては、物理学の基礎概念を医学・歯科医学と関連を持たせながら教え、専門の基礎科目や臨床科目で必要な物理学の知識や考え方の有用性を説くことがより必要となっている。高校で「物理」を選択していない多くの学生や、「物理」が不得意な学生に対しては、さらにこうした試みが丁寧に基礎的事項からなされなければならない。

　著者の研究上の専門は物性物理学であるが、勤務校での講義を進めるなかで、現在の医療系大学で必要とされる物理学の講義について、体系と厳密性重視の講義だけでは学生の要求に応えられていない内容があることを感じてきた。医学・歯科医学を学んでいくうえで必要な物理学の優先分野はなにか、これらの分野で物理学の基礎をどう教えるべきか、生体系の事例のなかで、物理学から見た重要な点はどこにあるかなどである。長年の講義のなかで、医学・歯科医学での豊富な事例から学びつつ試行錯誤を続けてきたが、今回、多少とも後進の役に立つことを願い、まとめたのが本書である。

　第1章では医学・歯科医学を学んでいくうえで必要となる、単位とその歴史、測定値の取り扱い方法を説明した。解剖学を中心とする「形態学」である第2章は、物理学の内容では「静力学」に対応する。ここでは、生体系での身体の部品の「大きさと形」には、物理学から見て重要な意味があることを強調している。また、この章の最後には、「静力学」の応用としての歯科矯正学での手法を付け加えた。第3章では高校「物理」での運動学の基礎を復習し、その発展問題として身の回りの自然現象を解き明かすことを試みた。血液循環系の理解を中心とする「生理学」にあたる第4章は物理学では「流体力学」に対応する。心臓から出て毛細血管系を巡る血液循環の機構と調整機能は、基本的にはパイプを流れる粘性流体の性質とパイプラインの構造で理解できることを力説している。最後に、第5章として、現在、大きな社会問題となっている原発事故での被曝の理解のために、放射線医学の基礎に関する説明を付け加えた。

この本は、物理学全体を見渡すには欠けている分野があり、物理学全般を網羅した教科書ではない。読者は、この本を医学・歯科医学と物理学との関連を解説した「読み物」として利用してほしい。面白そうな章から、また、興味ある部分だけを読んでも十分理解できると思われる。なるほど物理とはこういうものかを感得し、物理から見た身体の仕組みの巧妙さの新たな発見につながれば幸いである。また、この本が医学部や歯学部のみならず、多くの医療系の専門学校の副読本として、医療を支える人々の育成に役立つことを希望している。

　数学的素養としては高校の数Ⅱレベルを想定している。また、懸念すべきこととして、著者の専門外である医学・歯科医学の各項目について、誤りや不備のあることを恐れている。読者からのご批判やご教示を賜わり、今後の改良を図ることができれば幸いである。

　この本の内容は、勤務校であった大阪歯科大学の先生方や、歯科医師として活躍している卒業生からの教えに負う所が大きい。また、講義の後で学生諸君から受けた多くの質問には有益なものが多く、内容の改善に大いに役立てることができた。

　最後に、今回の執筆にあたっては、大阪歯科大学解剖学講座の諏訪文彦名誉教授、生理学講座の西川泰央教授、歯科矯正学講座の川本達雄名誉教授と松本尚之教授からは多くのご教示を受け、標本や資料の提供などの援助をいただいた。深く感謝の意を表したい。

2016年6月　大阪歯科大学 名誉教授
豊田紘一

医歯系学生のための物理学入門　目次

第1章　序論

- 1.1　自然と人間 ……………………………………………………………… 2
- 1.2　単位系 …………………………………………………………………… 5
- 1.3　測定と有効数字 ………………………………………………………… 8
- 練習問題 …………………………………………………………………… 11
- まとめと確認 ……………………………………………………………… 12

第2章　形態学と静力学

- 2.1　大きさと形（スケーリング則）……………………………………… 14
- 2.2　静力学の原理 …………………………………………………………… 17
- 2.3　骨格と筋肉の仕組み …………………………………………………… 20
- 2.4　爬虫類から哺乳類への下顎の進化（静力学による下顎の形態学的変化）…… 27
- 2.5　撓（たわ）みと構造 …………………………………………………… 35
- 2.6　歯を動かす（歯科矯正学と静力学）………………………………… 44
- 練習問題 …………………………………………………………………… 48
- まとめと確認 ……………………………………………………………… 49

第3章　落下運動

- 3.1　等加速度運動と自由落下（復習）…………………………………… 52
- 3.2　空気抵抗がある場合の物体の落下運動 ……………………………… 53
- 3.3　超遠心分離機の原理 …………………………………………………… 54
- 3.4　（付録）空気抵抗を考慮した物体の落下運動の計算 ……………… 55
- まとめと確認 ……………………………………………………………… 57
- 著者からのメッセージ …………………………………………………… 58

第4章 生理学と流体力学

- 4.1 静止している液体と圧力 …… 60
- 4.2 生理学での圧力の測定と取り扱い …… 65
- 4.3 粘性流体の法則とパイプライン構造 …… 68
- 4.4 ヒトの血液循環系 …… 74
- 4.5 肺胞とラプラスの法則 …… 80
- 練習問題 …… 86
- まとめと確認 …… 88

第5章 人体と放射線

- 5.1 原子核と放射能の基礎知識 …… 92
- 5.2 原子核と原子核反応の表し方 …… 94
- 5.3 放射線と人体 …… 95
- 5.4 放射線の影響の定量化と使用単位 …… 98
- 5.5 除染と低放射線被曝 …… 100
- 5.6 遮蔽による γ 線の防御 …… 102
- 5.7 この章の終りに …… 104
- 練習問題 …… 106
- まとめと確認 …… 108

- 練習問題の解答 …… 110
- 参考文献 …… 111
- 索引 …… 112

本書を無断で複写複製すること（コピー、スキャン、デジタルデータ化等）は、「私的使用のための複写」など著作権法上の限られた例外を除き禁じられています。大学、病院、診療所、企業などにおいて、業務上使用する目的（診療、研究活動を含む）で上記の行為を行うことは、その使用範囲が内部的であっても、私的使用には該当しません。
また、私的使用に該当する場合であっても、代行業者等の第三者に依頼して上記の行為を行うことは違法となります。
なお、いかなる場合においても、スキャン等した複製データの売買、譲渡および共有は違法であり、禁じられています。

JCOPY　＜出版者著作権管理機構　委託出版物＞
本書を複製される場合は、そのつど事前に、出版者著作権管理機構
（電話 03-5244-5088、FAX 03-5244-5089、e-mail : info@jcopy.or.jp）の許諾を得てください。

第1章 序論

> **この章で学べる医学・歯科医学のポイント**
> ## ▶ 自然と人間、単位とその歴史
> - 宇宙の成り立ちから素粒子・クォークまで(自然界の階層性)
> - 自然界をつくる4つの力
> - 単位とその歴史
> - 測定誤差とその取り扱い

　この章では、特に高校で「物理」を学ぶ機会のなかった学生、必ずしも「物理」が好きでなかった学生のために、次章以降の物理学の医学・歯科医学での応用に入る前に、物理学が自然をどう理解しているのか、近代科学の歴史は現在使用している単位系にどう反映しているかを説明し、併せて、物理学における測定値の取り扱いと有効数字との関連を説明する。

　現代物理学は広大な宇宙の成り立ちから素粒子やクォークまで、指数で表せば 10^{+26} m の広大な世界から 10^{-14} m の微小な世界までを理解することを目指している。1.1 節では、そうした理解の基礎となる自然界の階層性と、自然を支配している力との関連を考察する。

　次に、今日の物理学上の量を取り扱う単位について、その制定が 17 世紀からの近代科学の成果のうえに成り立っており、今日でもより厳密な定義について国際的な改良の試みが続いていること、また世界には多くの別種の単位があり、これらには、人々の昔からの豊富な生活の積み重ねと知恵が反映していることを学びたい。

　物理学は自然科学の基礎を担っている。自然科学は観測できる自然現象を対象とし、種々の装置による測定を基に理論を構築し、それを実証していく。実証を旨とする医学・歯科医学も科学の重要な分野であり、測定と実証の方法は同じで、その測定は科学的に信頼に足るものでなければならない。最後に、そうした取り扱いの基礎となる有効数字の使用法を、高校の「数学Ⅱ」で学んだ指数を使って表すことを学習する。

　物理学者は、研究により新しい未知の知見を得たときに、壮大で奥深い自然の摂理の一部に触れた感動を覚える。今後、諸君が医療や研究のなかで出合うであろう医学・歯科医学分野での新たな発見は、どのような感動を諸君にもたらすであろうか。今まで物理学に触れる機会の少なかった学生諸君には、この章で、物理学の取り扱う対象の広大さとその方法の有用さを感じ取ってもらいたい。

1.1　自然と人間

　物理学は、広大な宇宙から微小な素粒子まで、この自然界を支配しているもろもろの法則を扱う最も基本的な科学である。天文学や化学、あるいは工学といった連接する学問の基礎であるのみならず、この本の読者が直接関連する医療分野の学問にも深く関連している。物理学の素晴らしさは、その基礎となる理論が単純であることに加えて、それらの基本的な概念に基づく世界観が豊富な自然界の現象を理解し、世界を変革する可能性をもつことにある。

　この節では、さまざまな大きさの自然界と、そこを支配する物理学の法則を概観する。人間の日

常の生活や感覚の守備範囲は、人間の大きさを約 1m とすると 1mm から 1km であろう。原始時代の人間の通常の生活範囲は半径 1km 程度であり、またわれわれ自身も含む生物の身体の組織は mm で測られる大きさである。つまり指数を使うと、10^0m（1m）を基準にして、その 1000（10^3）倍（1km）や $\frac{1}{1000}$（10^{-3}）倍（1mm）を人間の通常の感覚範囲と見なすことができる。

注目する自然界の大きさを 1m を基準にして、その 1000（10^3）倍や $\frac{1}{1000}$（10^{-3}）倍に順次拡大縮小していくと、自然界の興味深い階層を見ることができる。まず、縮小の例を取り上げる。

1m の 10^{-3} 倍の 1mm（10^{-3}m）は、生物では組織の大きさのレベルであるが、さらにその 10^{-3} 倍の 1μm（10^{-6}m）は組織を作る細胞の大きさである。これはほぼ可視光線の波長に相当し、光で見ることのできる最小の大きさであり、この世界は光学顕微鏡の世界ということができる。その 10^{-3} 倍、1nm（10^{-9}m）は原子や分子の大きさであり、さらに、その 10^{-3} 倍、1pm（10^{-12}m）は原子の中心にある原子核、陽子や中性子の世界の大きさである（正確には原子核の大きさは原子の 1 万分の 1 程度）。さらに陽子や中性子は、その下の階層であるクォークからなっている。原子の大きさを教室の大きさに例えれば、原子核は人間の小指の先の大きさであり、原子の質量のほとんどがこの原子核に集中していることは驚嘆に値する。

原子や分子の世界は、電気的な力（電磁気力）に支配されている。細胞やわれわれの身の回りの物質は、原子や分子が mol 単位の膨大な個数（1mol は 6×10^{23} 個）が集まった世界である。他方、もう 1 つ下の階層である原子核の世界では、電磁気力の百万倍の強さの核力と呼ばれる力が支配している。

例

人間の赤血球の直径	8 μm（8×10^{-6}m）
ナトリウム燈の光の波長	0.6 μm（6×10^{-7}m）
水素原子の直径	0.1nm（10^{-10}m）
原子核の直径	0.01pm 〜 0.001pm（10^{-14}m 〜 10^{-15}m）

---

m を 10^3 倍した km の世界は人間の通常の生活範囲である。その 10^3 倍である 1000km（10^6m）になると、人間は自動車や飛行機の進歩なしでは行動範囲とすることはできなかった。ちなみに地球の半径は 6400km（6.4×10^6m）である。その 10^3 倍である 1Gm（10^9m）は、ほぼ太陽の直径に相当し（1.4×10^9m）、その 10^3 倍である 10^{12}m は、ほぼ太陽系の大きさに相当する。天文学では、天体間の距離を光が 1 年間に進む距離を単位（光年）として表すが、この 1 光年は 9.5×10^{15}m となる。われわれの銀河系の大きさは 10 万光年、約 10^{21}m であり、137 億年前に生まれたこの宇宙の大きさは、光で観測できるかぎりでは、半径 470 億光年、約 5×10^{26}m とされている[1]。

今日知られている自然界で働く力は 4 種類であり、人間の知る現象はすべてこの 4 つの力により説明できるとされる。

● 自然界の力

力の名称	到達距離	力の相対強度
重力	無限大	10^{-39} 倍
電磁気力	無限大	10^{-3} 倍
弱い核力	ごく短い	10^{-10} 倍
核力	ごく短い	1

（力の相対強度は 10^{-15} m 離れた陽子間に働く力を1として計算）

　原子や分子からなる物質を構成する力は、すべて電磁気力による。質量間に作用する万有引力は、核力や電磁気力に比べればそれ自体の強さはきわめて小さいが、地球や太陽といった巨大な質量が関与する事象を扱う場合の主たる力となり、重力の原因となって、宇宙での天体の運動を支配している。核力は原子核の内部のみで働いている力で、陽子や中性子を強く結合させており、その力は電磁気力の百万倍に相当する。弱い核力は原子核のβ崩壊のときに働く力である。

　このように、宇宙での天体の運動は万有引力で、身の回りのすべての物質を構成する力は電磁気力で、また、原子核は核力により支配されており、注目する世界を1000倍に拡大、または $\frac{1}{1000}$ に縮小することにより、それぞれの世界での支配的な力が全く違ってくることに注目する必要がある。

　宇宙でのブラックホールは、巨大な質量をもつ星が燃え尽きたとき、その質量間に働く巨大な万有引力により、電磁気力や核力で保たれていた物質自体が押しつぶされ、際限なく収縮していくことによって生じる。

　最近の研究では、われわれの宇宙はその膨張速度が再び加速しており、これを説明するには宇宙全体のエネルギーの76.5％は「暗黒」エネルギーと呼ばれる未知のエネルギー、19.5％は「暗黒」物質と呼ばれる未知の物質で占められていることがわかってきた。つまり、人類が現時点で知っている物質は、宇宙全体のわずか4.0％しかない。今後、これら未知のエネルギーと未知の物質の解明が進めば、自然界を支配する新たな力が付け加わる可能性がある。

● 国際単位系（SI）で使う次の接頭語はぜひ記憶して活用してほしい。
（記号の大文字と小文字は区別して使用すること）
10^{12} = T（テラ）、　　10^{9} = G（ギガ）、　　10^{6} = M（メガ）、　　10^{3} = k（キロ）
10^{-3} = m（ミリ）、　　10^{-6} = μ（マイクロ）、　10^{-9} = n（ナノ）、　　10^{-12} = p（ピコ）
＊（10^{2} ヘクト h、10^{-1} デシ d、10^{-2} センチ c）
＊10^{3} 倍や 10^{-3} 倍以外の慣用的な接頭語

1.2 単位系

　物理学の法則は、明確に定義できる基本的な量で表される。基本的な量とは、定められた測定法により正確に確定できる量、あるいは最も誤差なく標準量と比較できる量をいう。力学における3つの基本量は、長さ、時間および質量である（もし速さが長さより簡単で正確に確定できるとすれば、長さの代わりに速さを1つの基本量とした、速さ、時間、質量の基本量からなる体系を作ることが可能である）。力学におけるすべての物理量は、この3種類の量で表すことができる。

　科学界における基本量とその標準は1960年国際度量衡総会で採択され、その後、各国で批准された。科学界での基本量とその単位系が、科学界とは一見無関係と思われる国際条約で決められていることは興味深い。この単位系はそれまでのメートル単位系に準拠しており、国際単位系（SI単位系）と呼ばれている。SIとはフランス語の「Systeme International d'Unites」の略である。SIでの基本量とその単位は次の7種類であり、補助単位として2種類が採択されている。科学界のすべての物理量はこの7つの基本量で表すことができる。

● SI 基本単位
　長さ：m（メートル）、　質量：kg（キログラム）、時間：s（秒）
　電流：A（アンペア）、　温度：K（ケルビン）、　物質量：mol（モル）
　光度：cd（カンデラ）

● SI 補助単位
　平面角 rad（ラジアン）、　　立体角 sr（ステラジアン）

　基本量の次元を表す記号には、長さにはL、質量にはM、時間にはTを使用する。すべての物理量は、基本単位の累乗の積で表現することができる。よく知られているように、面積の次元はL^2、単位はm^2（平方メートル）であり、体積の次元はL^3、単位はm^3（立方メートル）である。よく使われる物理量については、SI組立単位として固有の名称と記号が与えられている。力学で使用される単位と組み立て単位の例を表1.1にまとめてある。

表 1.1　力学で使用される単位と組み立て単位

物理量	次元	名称	呼び方	単位
面積	L^2		平方メートル	m^2
体積	L^3		立方メートル	m^3
密度	$L^{-3}M$		キログラム毎立方メートル	kg/m^3
速さ・速度	LT^{-1}		メートル毎秒	m/s
加速度	LT^{-2}		メートル毎秒毎秒	m/s^2
力	LMT^{-2}	N	ニュートン	$kg\cdot m/s^2$
圧力	$L^{-1}MT^{-2}$	Pa	パスカル	N/m^2
力のモーメント	L^2MT^{-2}		ニュートンメートル	$N\cdot m$
エネルギー・仕事	L^2MT^{-2}	J	ジュール	$N\cdot m$
仕事率	L^2MT^{-3}	W	ワット	J/s

通常、単位は小文字で表記するが、人の名前から取った名称を持つ単位は先頭文字を大文字で表記する。

SI単位系の採択後も、それぞれの基本量の単位の定義は、科学技術の進歩に従い、より正確で使いやすくするための検討が続いており、時々に更新される。力学の基本量である長さ、質量、時間の単位の歴史と現時点での定義は、次のとおりである。

●**長さ（m）**

フランス革命後、メートル単位系が初めて設定されたときは、1mはパリを通過している子午線の赤道から北極までの距離の1千万分の1（10^{-7}）の距離と定義された。1m制定の委託を受けたパリ科学学士院は、各地に測量隊を派遣して実際にその長さを定めた。その後、精度上の問題からこの定義は廃止され、1960年までは白金（イリジウム10％）合金の棒上に刻んだ2本線間の距離が1mと定義され、精密に複製されたメートル原器が世界各国に配布された。しかし、2線間の距離を測定する精度には限界があり、科学技術の要求に応えることができなくなったため、1960年に1mはクリプトン86ランプから出るオレンジ・赤の発光線の波長の1,650,763.73倍の長さと定められ、1983年にはさらに精度を高めるために、光が真空中で $\dfrac{1}{299,792,458}$ s間に進む距離として再定義されて現在に至っている。最初の1mの国際基準となったメートル原器は、今でもパリ郊外セーヴル市の国際度量衡局に保管されている。

●**質量（kg）**

1kgは、国際度量衡局に保存されている白金（イリジウム10％）合金円柱（kg原器）の質量と定義され、1887年以来、変更されていない。日本には、副原器を含め複製された4つのkg原器があり、茨城県つくば市の産業技術総合研究所に保管されている。人工物による定義では、経年変

化により値が変化し、また、焼損や紛失の恐れもある。2011年の国際度量衡総会において、kg原器による基準を廃止し、より使いやすく精度ある新しい定義を設けることが決定され、2013年にはプランク定数に基づく質量の定義を行うことが決議されている。

（（2019年5月20日、130年ぶりに下のように改正）
「キログラム（記号はkg）は、プランク定数hを単位J・sで表したときに、その数値を$6.62607015 \times 10^{-34}$と定めることによって定義される。」）

●時間と時刻（s）

昔から、時間1sは天文学的に定められており、1956年以前は、地球の自転を基にして1sは太陽の南中時刻の観測により、年間の平均太陽日の$24 \times 60 \times 60$分の1と定められていた。その後、地球の自転速度は潮汐摩擦などの影響によって一定ではないことが判明し、自転速度よりも変動が少ない地球の公転を基にした次の1sの定義が1956年に採用され、1960年に国際度量衡総会で批准された。

「1sは、太陽の位置によって定義した暦表時の1900年1月0日12時（日本標準時1899年12月31日21時）からの1太陽年の31,556,925.9747分の1である。」

1967年には、セシウム原子時計の開発により、地球の自転や公転に基づいた定義よりも精度が高く、かつ安定した次の定義に更新され、現在に至っている。

「1sはセシウム133原子の基底状態の2つの超微細準位間の遷移に対応する放射の9,192,631,770周期の継続時間である。」

時間とともに時刻を表す方法も重要である。原子時計により1sを刻み、1958年1月1日00：00：00の瞬間を起点とした時刻をTAI（国際原子時）という。これに対して、今日、世界中で使われている時刻はUTC（協定世界時）といい、TAIを基に、英国グリニッジにおける天文時との差が±0.9sを超えないように調整される。この調整は全世界一斉に行われ、最近では2012年に続いて、2015年7月1日にUTC=TAI－36sとなった。頻繁に閏秒が挿入される主な原因は、地球の自転速度が遅くなっているためではなく、当初のセシウム原子時計での1秒の定義が、地球の自転の歩みに合ってないことによる。秒を挿入または除去する閏秒調整は1月1日と7月1日の00：00（日本時間09：00）に行われる。

日本では1992年に新計量法が制定され、1999年までの旧単位使用の猶予期限後は、科学や工業の世界のみならず、日常の生活の場でも全面的にSI単位系が使用されるようになった。しかし、建築業界をはじめとする一部の業界では、今でも長さの尺（30.303cm）やその$\frac{1}{10}$である寸という単位が使われることがある。米国や英国では特にそうした傾向が大きく、国としてはSI単位系への全面的な移行が決められているにもかかわらず、日常の生活ではヤード・ポンド法が健在である。長さではマイル（ml、約1,600m）、ヤード（yd、0.9144m）、フィート（ft、$\frac{1}{3}$

yd=0.3048m)、インチ（in、$\frac{1}{12}$ft=2.54cm）が使われ、質量ではポンド（lb、約450g）、オンス（oz、$\frac{1}{16}$lb=約28g）が使われている。ftやinは英国の王様の足の大きさと親指の幅から由来する単位といわれている。また、面積ではエーカー（ac、約4047m^2）、体積ではガロン（gal、米国3.785L）が有名である。

計量法では、海事や航空、気象の世界では距離には海里（nm、1,852m）、速度にはノット（knまたはkt、時速1海里のこと）を使うことが許されている。1海里は地球上で緯度1分（$\frac{1}{60}$度）に相当する長さであり、緯度・経度で位置を表す海図との対応が良いことによる。医療業界では血圧や眼圧を表すときの圧力の単位、水銀柱ミリメートル（mmHg）の使用が許されている。

このように、単位には国の歴史や慣習、それぞれの職業の特殊性が反映しており、各単位は日常的な感覚と深く結びついている。単位を変えることは日常生活の感覚を変えることであり、そう簡単なことではない。医療界で使用している単位に関しても、医療界には長い歴史に培われた慣習が残っており、関係者は、学術分野から医療現場まで、使用するすべての単位をSI単位系に統一させていく努力が必要である。と同時に、いろいろな場に残っている古い単位を無視することなく、SI単位系への正確な換算法を会得することはもちろんであるが、併せて、その単位の背景にある人間味溢れる由来を感じ取ってほしい。

1.3 測定と有効数字

1枚の長方形の金属片の面積を測定するとしよう。長方形の縦と横の長さを物差しで測定する。このとき得られる測定値には、いくつかの不確実な要素が含まれる。1つは物差し自体の問題である。たとえば、目盛が正確でなく間隔が不正確である、材質の温度変化が大きく測定時の温度によって測定誤差が生じるなどの測定装置や器具による誤差で、この誤差は別の種類の器具による測定と比べることで避けることができる。もう1つの誤差は実験者の測定限界による誤差で、ここではこの誤差の取り扱い方法を考える。

習熟した実験者が物差しを使って目測で長さの測定を行うとき、その誤差は、物差しの最小目盛1mmの$\frac{1}{10}$の0.1mmとされている。金属片の縦と横の長さを縦1.24cm、横0.67cmと読んだとする。測定誤差はそれぞれ0.1mmであり、1.24±0.01cm、0.67±0.01cmとも書くことができて、それぞれの測定値は3桁と2桁の有効数字を有するという。この2つの数値をかけ合わせて面積を求めてみる。電卓の表示のまま0.8308cm^2としたらこの答えは正しいと言えるであろうか。この答えは有効数字4桁であり、±0.0001cm^2の誤差しか含まれないことを主張している。つまり、計算によって精度が良くなるという誤った結果が生じている。

それでは正当に主張できる有効数字の桁数はどのようにして決定できるのか、その方法は次のと

おりである。

● 乗除計算

「かけ算・割り算では、その積や商の最終的な有効数字は、使った数値のうち有効数字の桁数の一番小さい数値（最小精度の数値）の有効数字の桁数に合わせる。」

　上の面積の計算に当てはめると、最も小さい有効数字の桁数の数値は 0.67m で 2 桁であるので、有効数字は同じく 2 桁となり面積は 0.83cm^2 となる。結果には ± 0.01cm^2 の誤差が含まれていることを示している。

　誤差の含まれている数字を○で囲んで、次のように計算するとわかりやすい。

```
     1.2④
   ×0.6⑦
    0.0⑧⑥⑧
   +0.7 4④
    0.8③⓪⑧
```

　結果は有効数字の最下位の桁が誤差を含むように、小数点以下 3 桁目の⓪を四捨五入して 0.83 とする。3 つ以上の乗除計算を行う場合には、計算の途中では 1 桁多めに有効数字を取って、四捨五入による誤差の拡大を防ぐことが必要となる。

　0.1mm 以上の精度で金属片の面積を求めたいときは、長さを物差しではなくノギス、またはネジマイクロメータを使って測定する。ノギスでは $\frac{1}{100}$ mm の精度で、ネジマイクロメータでは $\frac{1}{1000}$ mm の精度で測定できる。この場合、最終桁が 0 であった場合は表記には注意が必要である。たとえば物差しで測定して 1.24cm であった長さが、ノギスで測定して最終の桁が 0 の場合は 1.240cm と表し、マイクロメータで最終 2 桁が 00 であった場合は 1.2400cm と表記する。この場合の 0 は決して省略してはならず、それぞれ 0.001cm と 0.0001cm まで測定して 0 と読み取ったこと、含まれている誤差が ± 0.001cm と ± 0.0001cm を明示しているからである。

　このような 0 の意味を明示するために、有効数字を示す科学的表記法（整数部分が 1 桁の少数部分〈仮数という〉と 10 の累乗の積）が使われる。たとえば、上の例では物差しで測った場合は 1.24×10^{-2}m、ノギスで測った場合は 1.240×10^{-2}m、マイクロメータで測った場合は 1.2400×10^{-2}m と表示する。それぞれ、有効数字は仮数部の小数点を取った桁数である 3 桁、4 桁、5 桁となる。

● 和差計算

「足し算・引き算では、小数点の位置を揃えて計算し、末位（最後の桁）が一番上位なものに合わせる。」

例：5.63+0.574=5.63+0.57=6.20　有効数字の末位は小数点以下 2 桁

$$\begin{array}{r} 5.6③ \\ +0.57④ \\ \hline 6.20 \end{array}$$

1.0012 ＋ 0.005 ＝ 1.006　有効数字の末位は小数点以下 3 桁

$$\begin{array}{r} 1.001② \\ +0.00⑤ \\ \hline 1.00⑥ \end{array}$$

1.002 － 0.9977 ＝ 0.004　有効数字の末位は小数点以下 3 桁

$$\begin{array}{r} 1.00② \\ -0.997⑦ \\ \hline 0.00④ \end{array}$$

結果の有効数字は 1 桁となる。

●正確な数、無理数やπ

　同じ数値でも測定値とは異なり、平均値を求めるときの人数や個数、回数などを表す数値がある。これは誤差の入らない正確な数であり有効数字は全く考慮する必要はない。

　また、$\sqrt{2}$ などの無理数や円周率 π や自然対数の底の e、アボガドロ数（モル分子数）などが入った数式では、乗除計算では有効数字の桁数に応じて、また加減計算では、有効数字の末位が最も高い数値に応じて必要な桁数より 2 桁多い数値を使用する。

　実は、こうした簡便な有効数字の取り扱いではちょっとした問題が生じる場合がある。たとえば同じ 3 桁の数値であっても、1.00 と 0.999 ではその精度は± 0.01 と± 0.001 であり、数値自体はほぼ同じ大きさであっても、誤差の大きさ自体は 1 桁近く異なることになる。この問題は、乗除計算では誤差の大きさ自体（絶対誤差）ではなく、元の値に対する誤差の大きさ（相対誤差）が問題になることによる。こうした場合、通常は次のように取り扱う。

　「乗除計算では、扱う数値が 1.0 〜 1.5 の間では有効数字を 1 桁余分に取って計算する。」

練習問題

1. 桁の大きな数値には、10^n を表す接頭語をつけて、その大きさを表現する。
次の表現は、メートルを単位として 10 の何乗倍を表しているか答えよ。

100km	0.1Gm	10cm
0.01mm	1 μm	1m
1nm	0.1Mm	10pm

2. 次の計算の□の中に、冪を表す数字を書き入れよ。

(1) $563.63 \times 0.00234 = \left(5.6363 \times 10^\square\right) \times \left(2.34 \times 10^\square\right)$
$= 5.6363 \times 2.34 \times 10^\square$

(2) $\dfrac{3.4}{1000} \times \dfrac{7.7}{100000} \div \dfrac{1.8}{100} = 3.4 \times 10^\square \times 7.7 \times 10^\square \div \left(1.8 \times 10^\square\right)$
$= 1.45 \times 10^\square$

3. 式 $x = vt + \dfrac{1}{2}at^2$ は、表 1.1 にある次元から判断して、正しいことを示せ。ただし、x は進んだ距離、v は速さ、a は加速度、t は時間を表す。

4. 光の速さは 3.0×10^8 m/s である。このことを使って次の計算をせよ。
(1) 地球の半径を 6,400km とすれば、光の速さで地球の赤道上を回るとすれば、1 秒間に地球を何周できるか。
(2) 1 光年は、約何 km に相当するか。

5. 次の測定値を利用して、円柱形をしたアルミニウム、銅、真鍮、鉄の密度を計算せよ。
密度の単位は kg/m^3 である。
（電卓を使用する場合は、結果の有効数字を十分に考慮すること）

物質	質量（g）	直径（cm）	長さ（cm）
アルミニウム	51.5	2.52	3.75
銅	54.1	1.23	5.06
真鍮	92.4	1.54	5.69
鉄	216.1	1.89	9.77

まとめと確認

□ **自然と人間**
- 物理学は、広大な宇宙から微小な原子核や素粒子の世界まで広範な世界を取り扱う。
- 数値が広範囲にわたる量を表すには、10の冪乗（べきじょう）を使用する。科学の世界では、10^3（1,000）倍、または10^{-3}（$\frac{1}{1000}$）倍ごとに、接頭語（kキロ、Mメガ、Gギガや、mミリ、μマイクロ、nナノなど）を使って表現する。
- 生物の組織の大きさは約1mm（10^{-3}m）、細胞の大きさは約1μm（10^{-6}m）、原子の大きさは約0.1nm（10^{-10}m）、原子核の大きさは約0.01pm（10^{-14}m）である。
- 自然界の力は、重力、電磁気力、弱い核力、核力の4つである。生物の組織や細胞はもとより、身の回りのあらゆる物質は原子・分子からできており、これらを形作る力の源はすべて電磁気力による。

□ **単位系**
- 物理学の法則はすべて7つの基本量で表すことができる。基本量とその単位は、長さ(m メートル)、質量（kg キログラム）、時間（s 秒）、電流（A アンペア）、温度（K ケルビン）、物質量（mol モル）、光度（cd カンデラ）であり、単位の定義はより正確で使いやすくするために改良が続けられている。
- 面積がm^2、体積がm^3、速さがm/s、加速度がm/s^2のように、すべての物理量は基本単位の累乗の積で表される。よく使われる物理量には、組み立て単位として固有の名称と記号が与えられている。
  例：力［N：ニュートン（kg・m/s^2）］、エネルギー［J：ジュール（N・m）］
- 圧力の単位はPa（N/m^2）であるが、医療界では水銀柱の高さで圧力を表すmmHgの使用が許されている。

□ **測定と有効数字**
- 測定値には誤差がある。通常、測定値の最終桁に±1の誤差があると考える。1.24と書かれた測定値には±0.01の誤差が、1.240と書かれた測定値には±0.001の誤差があるとして計算を行う。また、測定値を表記するときには、含まれる誤差の大きさが適切に表されていなければならない。
- 測定値の乗除計算の結果の有効数字は、使った数値のうち有効数字の一番少ない数値の有効数字の桁数に合わせなければならない。
- 足し算・引き算では、小数点の位置を揃えて計算し、最後の桁が一番上位のものに合わせて計算を行う。

第2章
形態学と静力学

> **この章で学べる医学・歯科医学のポイント**
> ▶ **解剖学を中心とした「形態学」**
> - 形態学は「大きさと形」の学問である
> - 身体や組織の「大きさと形」には科学的な根拠がある
> - 骨格と筋肉の構造とその静力学的な仕組み
> - 古生物学での爬虫類から哺乳類への下顎の形態学的進化
> - 撓（たわ）みと物の構造
> - 静力学の歯科矯正学への応用

　この章では、新たに医学・歯科医学を学び始める学生諸君に、形態学の大切さを物理学の一分野である静力学を使って説明する。形態学は、専門課程では解剖学や口腔解剖学として学ぶ学問であり、一口でいえば「形と大きさ」の学問ということができる。ヒトを含む動物の形と大きさ、身体を構成する骨格の形と大きさ、骨格と筋肉との仕組みには、それぞれの機能に対応した合理的な理由があり、多くは力のつり合いを論じる静力学で理解することができる。さらに静力学は、歯学部において高学年で臨床科目として学ぶ補綴学や歯科矯正学での治療方法の力学的基礎を与えている。

　高校での「物理」の学習では、改めて「形と大きさ」の重要性を意識することは少なかったと思われる。この章での学習目標は、計算の理解は完全ではなくても、得られる結論が意味するところを考えて、医学・歯科医学を学んでいく学生として新たな発見をすることにある。意識しなかった「形と大きさ」という考え方の重要性、身体が発揮する力の仕組みと、表には出ないが身体の内部で発揮されている筋力の大きさなど、身体の仕組みを知る重要な要素として学んでほしい。

　静力学の原理に基づく数式の展開は多いが、文中ではなるべく途中の経過も省かずに記述した。例題は精選されており、多くはないので、一度自分で計算してみれば今後の学習に必要な解法の理解と計算力が得られると思われる。

2.1 大きさと形（スケーリング則）

　アイルランド生まれの司祭ジョナサン・スウィフトは、1726年『ガリヴァー旅行記』を出版した。この著名な本は、全編を読み通してみると、底流に流れる人間社会に対する諦観が感じられる本であるが、ここでは子供向けの絵本にも描かれている、「巨人の身長は25m、小人の身長は15cmで、巨人も小人も姿形はわれわれ人間と同じである」という記述の是非を取り上げて、物の大きさと形の相関（スケーリング則）について考えてみたい。

　このテーマについては、1965年『PSSC 物理 第2版』にMIT（マサチューセッツ工科大学）のPhilip Morrison教授の詳しくわかりやすい記述[2]があり、初めて形態学を学ぶ学生諸君にとっては必読の部分である。

　記述には3つの例が取り上げられている。それぞれの例についての要約と著者なりの補足を行う。

> **例1** 人間の身長の12倍を超える巨人の姿はガリヴァーと同じに、つまり普通の人間と同じ形に描いてあるが、実際にそういうことが可能であるか

形が同じで大きさの異なる2人の人間を考える。身長をLで表すと、身体の面に関する量、すなわち、身体の表面積や身体を構成する骨や筋肉の断面積はL^2に比例する。また、身体の体積はL^3に比例する。つまり、身長が2倍になると、面積（表面積、断面積）は4倍に、体積は8倍になり、骨や筋肉の材質が同じとすれば体重は8倍になる。同じように身長が3倍になると、面積は9倍、体積は27倍になる。身長が4倍の巨人を考えると、体重は64倍となり、この重さを胴体や足で支えるのであるが、これらの断面積は16倍である。よって、同じ断面積あたりの荷重は4倍となり、骨の材質や筋肉の組成が同じでは到底これに耐えることはできない。まして、身長が12倍の巨人の断面積あたりの荷重は実に12倍であり、これを支えるためには、胴体の断面積や足の筋肉、骨の断面積を、つまり太さを大幅に増やす必要がある。つまり、巨人は大型の動物に見られるように、身体や手足などの断面が極端に太い、ずんぐりとした体形となる。

　『PSSC物理』には、全長2m近いバイソンと60cmのガゼルの、前脚の骨の形の違いを表す写真が載せられている。また、こうした説明のために、300年前にガリレオが描いた図（図2.1）が示されている。

　象の身体が太いのも、足が極端に太いのも、決して象自身が好んでそういう体形を選んでいるためではない。外敵に対するために、長年にわたって身体を大きくした結果である。逆に、身長が$\frac{1}{10}$の小人の体形は、小動物の体形に見られるように、すべての部品がスリムで細い形となる。

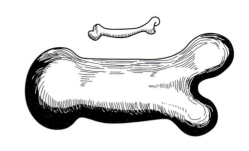

図2.1　スケーリングを説明するためにガリレオが描いた図[(2)]

　火星の表面の重力は地球の40％である。火星人の骨の材質や筋肉の組成が人間と同じであるとすると、火星人の体形はどのようなものになるであろうか、同じ論法を使って推測してほしい。

> **例2**　人間に比べて身長が$\frac{1}{10}$の小人は、1日に何回の食事が必要になるか

　体温が一定の恒温動物の基礎代謝量（1日に必要な最低限の熱量）は、ほぼ身体の表面積に比例する。人間を1とした場合、小人の身体の表面積は$\frac{1}{100}$となり、これに見合う基礎代謝の熱量を1回に食べる量$\frac{1}{1000}$で補う必要がある。1回に食べる量は、口の大きさや胃の大きさで決まり、これは身体の体積に比例するからである。$\frac{1}{100}$を$\frac{1}{1000}$で割った値、つまり小人は1日に人間の10倍の回数の食事が必要となる。

　一般的に、動物は小さくなればなるほど、多くの回数の食事をしないと体温を維持することがで

きない。このことより、ある一定の大きさ以下の小動物には恒温動物は存在しない。こうした小動物は外気温に応じて自分の体温を調整し、外気温との温度差を小さくすることによって基礎代謝量の減少を図っている。

われわれが病院で処方される薬の服用量は基礎代謝量によって決められている。上の議論から、服用すべき薬の量は身体の表面積に比例し、ほぼ体重の $\frac{2}{3}$ 乗に比例することになるが、多くの動物での詳しい測定によれば、基礎代謝量は体重の $\frac{2}{3}$ 乗ではなく、$\frac{3}{4}$ 乗に比例することが知られている[3]。単純な相似形という仮定は正確ではなくて、身体を構成する部品の形状が動物の大きさによって異なること（大きければ太く短く、小さければ細く長い）を考慮に入れた理由付けがなされている。

例3 ハエが水に落ちると、身体の表面に付く水の重さのために這い上がれない

われわれがプールから上がろうとするとき、身体の表面には水の表面張力により一定の厚さの水の膜ができる。この水の膜の重さは身体の表面積に比例する。形を無視した粗い議論であるが、ハエの大きさを人間の $\frac{1}{L}$ とすれば、水の厚さは変わらないので、水の膜の重さは $\frac{1}{L^2}$ である。ハエの体重は $\frac{1}{L^3}$ であるので、水の膜の重さをハエの体重で割ると L 倍となる。人間の場合を 1 とすると、ハエは自分の体重に対して L 倍の重さの水の膜を身に付けることになる。L の値は数百となるので、ハエは到底水から這い上がることはできない。ちょうど、人間が水をたくさん含むことのできる分厚いコートを着て水に入るようなものである。

古生物学の世界では、「島の規則」という法則がある。「島に象が隔離されて何代も世代を重ねると、象はだんだんと小さくなり、成獣になっても子牛ほどにしかならないミニ象となる。逆に、ネズミやウサギのような小型の動物は、島ではだんだん大型となり猫ほどのネズミが出現する。」象もネズミも生態系の厳しい生存競争から解き放たれると、本来の合理的な大きさに戻っていくということであろう。

1992 年、本川達雄著『ゾウの時間 ネズミの時間 サイズの生物学』(中公新書)[3] が出版され、ベストセラーとなった。この本では、動物は大きさが違うとその形が変わるだけではなく、その機能的な面、機敏さの違いや寿命の違い、総じて時間の流れる速さが違ってくることが証明されている。象やクジラといった大型動物の呼吸や脈はゆっくりで（心周期は象 3 秒、クジラ 9 秒）、ネズミなどの小動物の呼吸や脈は速い（ハツカネズミの心周期は 0.1 秒）。つまり、動物にとっての生理学的な時間は、その大きさによって異なっている。しかし、一生の間に心臓が打つ回数や呼吸の

回数は、どの哺乳動物もほぼ同じく 16 億回と 4 億回である。スケーリング則によって、こうしたことを合理的に理解することも生物学入門として必須であり、医学・歯科医学を学ぶ学生諸君には必読文献として推奨しておきたい。

2.2 静力学の原理

　人間の身体は多くの骨格からなり、骨格は周りの筋肉から力を受けながら外部に力を加え、また外部からの力や重力に耐えてその機能を果たしている。身体の各部分がもっている力学的機能は、骨格と筋肉の形態学的な仕組みによっていることが多く、ここでは、こうした仕組みのなかで静力学に関連した部分を取り扱う。

　力のもつ基本的な性質の 1 つとして、「物体 A が他の物体 B に力を及ぼすとき、その力は、必ず物体 B が物体 A に及ぼす力と一対の組になって現れる。A が B に及ぼす力は、B が A に及ぼす力と同じ大きさをもち、その方向は同一線上で逆向きとなる」という法則がある。これをニュートンの第 3 法則「作用・反作用の法則」と呼ぶ（日本語としては、この「作用」の意味が不明確であり、名称としては「力・反力の法則」と呼ぶのが適当かもしれない）。今後、「ある物体に力が働く」という表現があるときは、この一対の力のなかで、注目する一方の物体に働く力に着目した表現であることに注意しなければならない。

　物体に力が作用して運動するとき、次の 3 つの原理が成立する。
（1）物体に力が作用すると、物体はその力の方向に動き出す。
（2）物体に反対向きの 2 つの力が作用して、一方が大きければ、物体はその方向に動き出す。
（3）静止している物体に作用する 2 つの力が反対向きで、大きさが同じならば物体は動かない。
　図で表すと図 2.2 の 1、2、3 のようになる。実線の矢印（→）は力の大きさと方向、太い矢印（⇨）は運動の方向を表す。

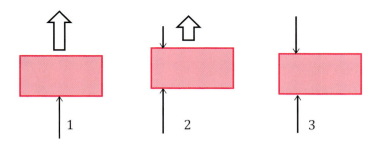

図 2.2　力の作用（→）と運動の方向（⇨）

　物体が力を受けて運動するとき、力の作用を表すには、力の大きさ、方向（向き）とその作用点を指定する必要がある。このうち作用点を除く 2 つの性質、大きさと方向をもつ量を数学ではベクトルという。

回転を伴わない物体の併進運動のみを取り扱うときは、物体には外部からの力がベクトルとして作用すると考え、ベクトルのもつ平行四辺形の法則に従って、2つの力を1つの力に合成したり、また、1つの力を2つの力に分解したりして解析することができる。併進運動を扱うかぎりでは、力は作用点を物体の任意の点に移動させても、その作用は変わらず、運動は物体内の任意の1点の運動で記述することができる。

　3種の力が加わって物体が静止している場合の力の合成とつり合いの例を、図2.3の4、5で示す。右に添えた図は力のベクトルを平行に移動させて、そのつり合いを単純化して表示したものである。

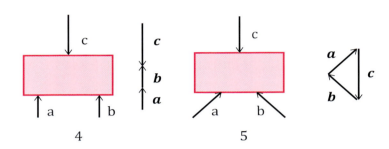

図2.3　3つの力が作用し物体が静止している場合の力のつり合い

　骨格のように、力が作用しても変形しない（と見なせる）物体を剛体という。剛体の運動で、その併進運動としてのつり合いや運動を論じるときには、上記のやり方に従って、剛体には外部からの力の和が作用するとして解析を行う。

　次に、この剛体を任意の点Pの周りに回転させることを考える。力Fが作用する点を作用点といい、作用点から力の方向に引いた直線を作用線という。P点の周りの力のモーメント（トルク、回転力ともいう）は、力Fの大きさとP点から作用線に下ろした垂線の足の長さ$r\sin\theta$の積で表される。

　図2.4の赤で示したように、作用線上で力を移動させてF'としても、その垂線の足の長さは変わらず、力のモーメントの大きさは変化しないことがわかる。

　このように、剛体の併進運動と回転運動を合わせて考えるときには、剛体にかかる力の性質として、力の大きさ、方向（向き）に加えて作用線を指定することが重要である。

　剛体が静止している（併進運動も回転運動も行わない）とき、つまり剛体にかかる力がつり合っている場合を、力のベクトルで表すと図2.5のようになる。

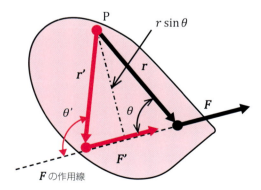

図2.4　剛体の回転と力のモーメント

　a'、b'、c'は、剛体にかかる力a、b、cをその大きさ、方向（向き）を同じくして作用線（点線）上で移動させたもので、これらが1点Oで交わり、ベクトルの和がゼロになるならば、この剛体

は動かないし回転もしない。

　しかしながら、上記のやり方では、すぐには証明できない力のつり合いがある。図 2.6 のような平行な 3 つの力 *a*、*b*、*c* が作用して、物体が静止しているとき、力 *a*、*b* から力 *c* の大きさと位置を求める方法を考えよう。この場合、力のベクトル *a*、*b* は平行で交わらないので、ベクトルの和を直接に求めることはできない。このときは、図 2.7 のように、ベクトル *a*、*b* に水平方向の同じ大きさで逆向き力のベクトル *d*、*d*′（合わせるとゼロ）を加える。ベクトル *a*、*d* との和、ベクトル *b*、*d*′ の和で得られた力を、作用線の交点まで移動させ、2 つの力をベクトル的に加える方法により、*c* の大きさと位置を求めることができる。

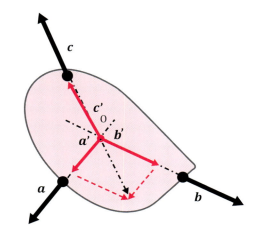

図 2.5　剛体での力のつり合い

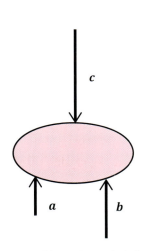

図 2.6　剛体にかかる平行な力

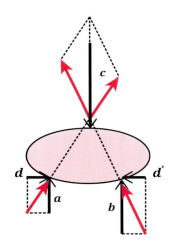

図 2.7　平行な 2 つの力の合成

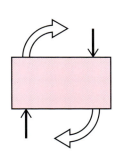

図 2.8　偶力と偶力のモーメント

　作図上、このようにしても力の作用線が交わらない場合がもう 1 つある。図 2.8 の場合で、この 2 つの力は大きさが同じ、平行で逆向きである。この場合、剛体は動かず回転運動だけを起こす。これを偶力という。

　次節以降、実際に問題を解くときは、剛体が静止しているときの 2 つの条件、すなわち剛体が「動かない」、かつ「回らない」という条件をベクトル的に作図で示すか、または、座標軸と回転軸を選んで、次の 2 つの条件を数式で記述して解く。

(1) 物体に働く力の和は、任意の方向で計算してゼロでなければならない。
(2) 任意の点の周りで、物体に働く力のモーメント（回転力）の和はゼロでなければならない。

座標軸と回転軸を選び、2つの条件を数式で記述する根拠は、次のようなものである。

剛体の運動を論じるとき、必要な条件式の数を自由度という。空間内の剛体の位置は、一直線上にない剛体内の3点の位置によって決まる。それぞれの点は3つの座標（たとえば直交座標であるx座標、y座標、z座標）によって決定されるので、剛体の位置を決めるためには9つの条件式が必要となる。剛体の形状が一定、つまり、各点を結ぶ三角形の3辺の長さは不変であるという3つの条件を入れると、残りの必要な条件式（自由度）は6つとなる。これは、併進運動における任意の代表点の座標の決定のための3つの条件式、回転軸の方向を決める2つの条件式、そして回転軸周りの回転運動を決める条件式1つから成り立っている。

これから扱う平面上の運動に限れば、必要な自由度は6つで、剛体の形を決める条件式がすでに3つあるので、残りは併進運動における代表点の座標（たとえばx軸、y軸上の座標）の決定のための2つの条件式と、平面に垂直な任意の軸回りの回転運動を決める条件式が1つあれば、この剛体の運動は決定できる。

つまり、剛体の静止の条件（1）は、計算に一番便利なように選んだx軸方向とそれに直交するy軸方向において、力の和がゼロであること、条件（2）は、剛体の任意の点での力のモーメントの和がゼロであることを示している。これらの条件を、数式で書き下すことにより、剛体にかかる力の大きさ、方向（向き）、作用点を求めることができる。

力を表す単位としては、SI単位系のN（ニュートン）を使う。質量1kgの物体に$1m/s^2$の加速度を生じる力を1Nとする。併せて、医学・歯科医学では、慣習として質量1kgの重さ（重量）を1kg重として力を表す単位に使用することがある。1kg重は、地球の引力により1kgの質量の物体が地球から受ける重力であり、日本では地球の重力加速度は約$9.8m/s^2$であるので、1kg重は9.8Nとなる。概算をするときは、1kg重は10Nとして計算する。

力のモーメントの単位はN・m（ニュートン・メートル）である。

2.3　骨格と筋肉の仕組み

人間の骨格と筋肉の構造、力を発揮する仕組みを理解するためには、静力学的な考察が必要となる。具体例に入る前に、身近なシーソーを例にとって、その静力学的な取り扱い方の練習を行う。

問題

図2.9のように、重さw_1の子供と重さw_2の父親が、中心を支えてある板の上でつり合って静止している。支点からの距離の比$\dfrac{l_2}{l_1}$を求めよ。なお、板の重さは無視できるものとする。

解説

この問題を解くためには、まず、どの物体からどの物体に力が作用しているかを正確に理解する必要がある。

父親に着目すると、父親自身が静止しているということは、父親にかかる力がつり合っていること、つまり、父親の身体にかかる重力と、お尻を通じて板から受ける力の大きさが同じで、方向が反対であることを示している。逆に、板にはお尻を通じて父親から受ける力が作用しており、「作用・反作用の法則」により、その力の大きさは同じで、方向は反対である。板にかかる力は父親にかかる重力と同じ大きさで、図では w_2 の矢印で表されている。

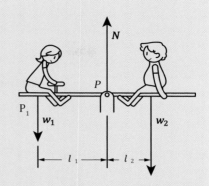

図 2.9 シーソーでの力のつり合い

（父親にかかる重力の「作用・反作用による力」は地球に作用しており、地球は万有引力により父親に引っ張られている。）

同じように、w_1 は子供のお尻が板を押している力であり、N は支点が板を支えている力を表している。

ここでは板に着目して、板が静止していること、つまり板に作用している力がつり合っていると考える。

板のつり合いに関する 2 つの条件から、次の式が得られる。

(1)「物体に働く鉛直方向の力の和がゼロである」 $N = w_1 + w_2$
(2)（どの点周りで計算しても）「物体に働く力のモーメント（回転力）はゼロである」

P 点の周りで計算すると $l_1 w_1 = l_2 w_2$

よって、答：$\dfrac{l_2}{l_1} = \dfrac{w_1}{w_2}$

条件（2）では、（どの点周りで計算しても）とある。

P_1 点周りで計算すると $N l_1 = (l_1 + l_2) w_2$ となり、(1) の条件と合わせて同じ結果が得られる。より簡便なほうを選んで計算を行うべきである。

また、問の文章中の「板の重さは無視する…」の記述は、板が均一で、支点をはさんで左右の長さが同じであるとすれば、上述の解には影響しないことはすぐに証明できる。

この例題を拡張して、次のような考察を続けることができる。

支点 P には、子供と父親の 2 人の重さがこの点に集中していると考えることができる。ここで図 2.10 のようにシーソーに沿って x 軸を描き、原点を軸上の任意の点に定める。

子供の質量を m_1、座標を x_1、父親の質量を m_2、座標を x_2 とする。支点の座標を x_{12} とすれば、$(x_{12} - x_1) m_1 g = (x_2 - x_{12}) m_2 g$、

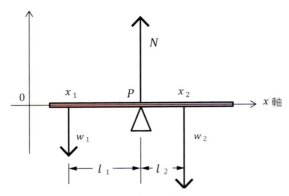

図 2.10　重心（質量の中心）の計算

$x_{12} = \dfrac{m_1 x_1 + m_2 x_2}{m_1 + m_2}$ となり、この点に 2 人の重さ $m_1 g + m_2 g$ が集中していると見なすことができる。ここで g は重力加速度を表す。

それでは、このシーソーに、もう 1 人の子供が乗ってつり合ったと考える。子供の質量を m_3、座標を x_3 とし、このときの支点の座標を x_{123} とする。

$x_{123} = \dfrac{(m_1 + m_2) x_{12} + m_3 x_3}{(m_1 + m_2) + m_3} = \dfrac{m_1 x_1 + m_2 x_2 + m_3 x_3}{m_1 + m_2 + m_3}$ さらに、このようにしてシーソーの上にたくさんの人が乗るとすれば、次の座標（点）にすべての人の重さの和が集中していると見なすことができる。

$$x_G = \dfrac{\sum m_i x_i}{\sum m_i}$$

ある物体を細かな部分に分解する。各部分の質量を m_i とし、空間のなかに x 軸、その直角方向に y 軸と z 軸をとると、上記と同じようにして、

$$x_G = \dfrac{\sum m_i x_i}{\sum m_i}, \quad y_G = \dfrac{\sum m_i y_i}{\sum m_i}, \quad z_G = \dfrac{\sum m_i z_i}{\sum m_i}$$

で表される点に、その物質の全質量 $\sum m_i$ が集中していると考えてよい。

この点を重心、または、質量の中心という。剛体の運動を解析するとき、重心は運動の代表点として非常に有用であり、まず、重心の運動を計算することから始めることが多い。

例 1　曲げた前腕

重たいものを手に持って、前腕を水平に保つときの骨格と筋肉の仕組みと、かかる力の大きさを考察する。

図 2.11 のように、前腕は尺骨と橈（「たわむ」こと）骨からなり、これらは全体として 1 つの剛体と見なすことができる。上腕二頭筋の腱は、肘関節から 5cm 離れた橈骨にあり、これで前腕

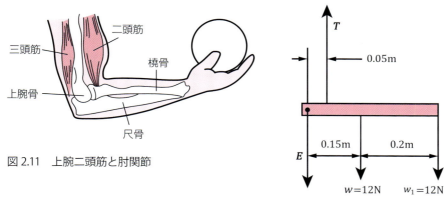

図 2.11　上腕二頭筋と肘関節

図 2.12　モデル図

を引き上げている。上腕骨は肘関節を通じて前腕を押し下げており、前腕を水平に保っている。また、図のように尺骨の肘関節端に付く三頭筋は、必要に応じて収縮して手を伸ばす役割を果たしている。

　前腕に注目した力のつり合いのモデル図を、図 2.12 で表す。二頭筋が前腕に及ぼす張力を T、肘関節を通じて上腕骨が前腕に及ぼす力を E、腕の重さを w、おもりの重さを w_1 とする。肘関節から二頭筋が作用している腱までの長さは 5cm、肘関節から上腕の重心までの長さを 15cm、おもりまでの長さを 35cm として、次の計算を行う。

[問題]
　手におもりを持たず（$w_1=0$）、前腕の重さを 12N（約 1.2kg 重）として、T と E の大きさを求めよ。

[解答]
　鉛直方向の力の和が 0 より $T=E+w$、
　肘関節周りの力のモーメントが 0 より、$0.05T=0.15w$
　よって、$w=12$N を代入して、$T=36$N、$E=24$N を得る。
　ここで、E が正の値をもつことにより、上腕骨が、肘関節を通じて前腕を押し下げていることが確認できる。

[問題]
　手に 12N のおもりを持つとき（$w_1=12$N）の、T と E の大きさを求めよ。

[解答]
　鉛直方向の力の和が 0 より、$T=E+w+w_1$、
　肘関節周りの力のモーメントが 0 より、$0.05T=0.15w+0.35w_1$
　よって、$w=w_1=12$N を代入して、$T=120$N、$E=96$N を得る。

この結果から特に注目すべきことは、手に何も持たないときでも、二頭筋は前腕の重さの3倍の張力で前腕を引き上げ、肘関節は前腕の重さの2倍の力で前腕を押し下げていることである。さらに、前腕の先の部分にものを持つだけで、腕の内部では、二頭筋は、ものの重さの約10倍もの張力で前腕を引き上げ、肘関節は8倍もの力で前腕を押し下げて、つり合いを保っている。こうした仕組みの大きな利点としては、筋肉が収縮できる長さには限界（二頭筋の長さ約25cmに対して最大収縮の長さ7cm程度）があり、荷重点である手先の稼働範囲が7倍の50cmに拡大され、可能な移動速度も7倍となることである。

同じ形の持ち方は、ボウリングの投球フォームにも見られるが、ボウリングのボールは15ポンド（約7kg）前後と重く、構えるだけでも二頭筋や肘関節には500N、つまり、45〜55kg重に近い力が作用している。

例2　片足で立つときの筋力の方向と大きさ

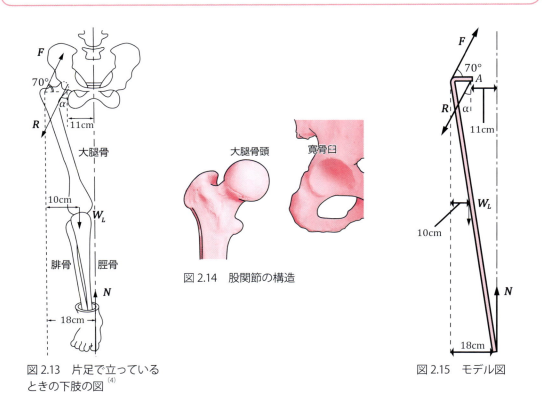

図2.13　片足で立っているときの下肢の図[(4)]

図2.14　股関節の構造

図2.15　モデル図

片足で立っているときの下肢の図が、図2.13に与えてある。骨盤と下肢は、図2.14のように、骨盤の寛骨臼と大腿骨の球状の大腿骨頭からなる股関節でつながっており、外転筋の力で下肢を斜め上に引き上げている。大腿骨は大腿骨頭部分と長い骨本体が約125°の角度をなす逆L字型をしており、外側に外転筋の腱が付いている。

第 2 章　形態学と静力学

この大腿骨の形状は、人類が両生類から爬虫類、さらに哺乳類へ進化した過程で得られたものであり、トカゲなどのはう歩行様式から進化した 4 足歩行の哺乳動物が、地面を蹴って歩行するのに都合の良い形になっている。また、大腿骨、腓骨・脛骨の線が中心線に向かって内側に傾いているのは、類人猿にない人類に特有の形状である。

図 2.15 のように、外転筋の力 F は水平と 70°をなし、R は寛骨臼が大腿骨に及ぼす力、N は床が足に及ぼす力で、これは身体全体に働く重力 W に等しい。W_L は下肢にかかる重力で $\dfrac{W}{7}$ とする。

大腿骨、腓骨、脛骨からなる下肢全体を 1 つの剛体と見なし、この部分にかかる力に注目してモデル化すると図 2.15 となる。

問題
F、R の大きさ、および R が鉛直となす角 α を求めよ。

解答
図 2.15 において、水平方向右向きに x 軸、鉛直上向きに y 軸を選ぶと、x 軸方向の力のつり合いより
$F\cos 70° - R\sin\alpha = 0$
y 軸方向の力のつり合いより
$F\sin 70° - R\cos\alpha - W_L + N = 0$
図の A 点周りの力のモーメントのつり合いより
$-7F\sin 70° - 3W_L + 11N = 0$ となる。
$N = W$、$W_L = \dfrac{W}{7}$ を代入して（計算は関数電卓を活用）、$F = 1.61W$、$R = 2.37W$、$\alpha = 13.1°$
が得られる。

仮に、下肢が 1 本足で鉛直に立ち骨盤を支えるだけであれば、下肢は寛骨臼からほぼ体重の重さ（片足の下肢部分の重さを除く）を受けるだけであるが、運動能力を得るために変化した股関節の構造のために、体重の約 1.5 倍の筋力と 2.5 倍の関節からの力が必要となっている。

例 3　脊柱にかかる力

図 2.16 は人間の脊柱の構造を示している。

脊柱は、液で満たされた椎間板で分けられた 24 個の椎骨でできている。ここでは、人が背中を水平に曲げた姿勢で重たい物を持ったときに、脊柱にかかる力の大きさを計算する。

図 2.17 は、こうした姿勢で重い物を持っているときに、脊柱を仙骨に支点をもつ剛体と見なして、これに作用する力に注目して描いたモデル図である[5]。

手に持っている荷の重さを w_1 で表し、仙骨からその作用線までの長さを l とする。背中にある多くの筋肉から脊柱が受ける力の和を、筋力 T の1つの筋肉で代表させると、その作用点は仙骨から $0.7\,l$ となり、角度は $12°$ であることが知られている。R は脊柱が仙骨から受ける力を表し、w は、胴・頭・腕からなる上体の重さ（体重の約 65%）で、仙骨から $0.6\,l$ の所に作用している。

座標 x と座標 y の方向は、図中に記入してある。

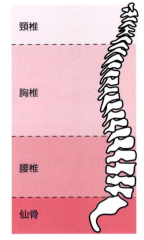

図 2.16　脊柱の構造

【問題】
図 2.17 で上体の重さが 450N（46kg 重）あるとする。T の大きさと、仙骨が脊柱に及ぼす R の x 方向の成分 R_x と y 方向の成分 R_y を次の場合について計算せよ。
① $w_1=0$、② $w_1=160$N

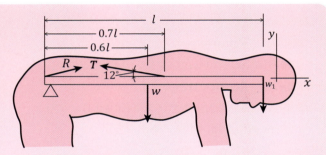

図 2.17　背中を水平にしたときの脊柱にかかる力を求めるときのモデル図[5]

【解答】
　　x 方向の力のつり合いより
　　$T\cos 12° = R_x$ 　　　　　　　　　　　　　　　　　　　　　(1)
　　y 方向の力のつり合いより
　　$T\sin 12° + R_y = w + w_1$ 　　　　　　　　　　　　　　　　(2)
　　仙骨周りの力のモーメントのつり合いより
　　$T \times 0.7\,l \sin 12° = 0.6\,l w + l w_1$ 　　　　　　　　　　　　(3)

①の場合　$w_1 = 0$、$w = 450$N（46kg 重）
　　(3) より $T = 1855$N
　　(1) より $R_x = 1814$N（185kg 重）、(2) より $R_y = 64$N

②の場合　$w_1 = 160$N（16.3kg 重）、$w = 450$N
　　(3) より $T = 2954$N
　　(1) より $R_x = 2889$N（295kg 重）、(2) より $R_y = -4$N

結果が示すように、背を水平に曲げただけで、腰仙部の椎間板には体重 70 kg の約 2.6 倍の力がかかる。さらに同じ姿勢で約 16 kg の荷物を持つと、この椎間板には体重の約 4 倍、持った荷物の 18 倍を超える力が作用する。無理を重ねると、椎間板がこの力に耐えられず、変形やずれ、ヘルニアを生じ、脊椎を通る神経を圧迫して強い痛みを生じることになる。つまり、椎間板ヘルニアは自分自身の背筋の力で自身の椎間板を圧迫し変形させることに起因する。

こうした原因によるヘルニアの事故を防止する簡単な方法がある。図 2.18 (b) のように膝を曲げて背を真直ぐにして荷物を持ち上げれば、重量の重心が仙骨の上に来て、仙骨周りの力のモーメントを少なくすることができる。

その結果、15 kg の荷物を持つときでも、仙骨にかかる力は、上体の重さ 46 kg 重に荷物の 15 kg 重を加えた 61 kg 重に過ぎない。重たい荷物を持つときは、膝を曲げ、背をまっすぐにして持ち上げること、このことがこうした事故防止のために一番に留意すべきことである。

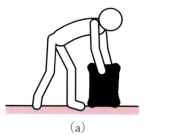

(a) (b)

図 2.18　重いものを持ち上げるときの姿勢

2.4　爬虫類から哺乳類への下顎の進化（静力学による下顎の形態学的変化）

この節は古生物学の話である。地球誕生は今から約 46 億年前、生命の誕生は約 38 億年前だとされている。その後、生命は長い歴史のなかで進化を続け、今日の哺乳類を主とする多種の生命体を生み出してきた。ここでは、そのなかでも両生類が出現した約 4 億年前からの、動物の下顎の形態学的な進化を考察する。人間の感覚では捉えにくい大きな時間軸の歴史であるが、表 2.1 を参照しながら読み進めていってほしい。

古生代デボン紀に現れ石炭紀に栄えた両生類が、地球の生命史上、最初に水中から陸上に上陸したのは、石炭紀の初めの約 3 億 6 千万年前だといわれている。それまで、卵を水中でしか育てることのできなかった両生類は、その卵を陸上でしっかりとした膜（羊膜）に包んで子孫を残すという生命維持システムを確立した。有羊膜類の発生である。有羊膜類は、早期に単弓類と竜弓類に分化し、竜弓類は爬虫類や双弓類へ、さらに鳥類へと分化していく。ちなみに、双弓類に属する恐竜の全盛時代は約 2 億年前の中生代ジュラ紀である。

単弓類は、名のとおり眼窩の後ろに開口部を 1 つだけもつ哺乳類の祖先であり、長い間「哺乳類型爬虫類」といわれていたが、その有羊膜類からの分化は早く、今日では逆に「爬虫類型哺乳類」と命名すべきであると主張する研究者が多い[6]。盤竜類は初期の単弓類のグループに属し、その後に獣弓類へと進化した。獣弓類は異歯類（双牙類）や獣歯類などに分化し、これから問題とする哺乳類の直接の祖先と考えられているキノドン類もこれに含まれる。

表 2.1　地質時代の区分と単弓類の歴史

開始年代	代	紀	概要	単弓類	双弓類
260万年前	新生代	第四紀	人類の時代 氷期と間氷期の繰り返し 氷河の形成		
2300万年前	新生代	新第三紀	生物相はより現代に近づく 古日本列島が誕生		
6550万年前	新生代	古第三紀	大陸の分離 絶滅した恐竜の後の哺乳類の放散進化、地球はほぼ現在の様相	哺乳類の放散進化	
1億4550万年前	中生代	白亜紀	温暖で湿潤な気候が続く 恐竜の繁栄と絶滅、哺乳類の進化 紀末に小惑星の衝突によるK-T境界	K-T境界での大型爬虫類の絶滅で、哺乳類が爆発的に放散進化	K-T境界で恐竜は鳥類を除いて絶滅、ただ、トカゲ、ヘビ、カメ、ワニ類は健在
1億9960万年前	中生代	ジュラ紀	パンゲア大陸が分裂 絶滅を生き残った恐竜が栄える 高音多湿、動植物の大型化	三畳紀末の絶滅の危機をキノドン類中、最終的には哺乳類が生き延びる	恐竜の天下
2億5100万年前	中生代	三畳紀	パンゲア超大陸が平原化・砂漠化・高温化・低酸素化 恐竜の出現、紀末に76%絶滅	P-T境界の絶滅を獣弓類は生き延び、急速に勢力を回復	P-T境界後、単弓類に代わり爬虫類が多様化 主竜類
2億9900万年前	古生代	ペルム紀（二畳紀）	大陸の衝突によりパンゲア大陸へ 単弓類が出現 紀末に95%の種が絶滅 P-T境界	獣弓類の進化 恐頭亜目、双牙類、獣歯類	竜弓類
3億5902万年前	古生代	石炭紀	ゴンドワナ大陸等4大陸 昆虫の繁栄、爬虫類の出現 両生類上陸	盤竜類（初期単弓類）出現 有羊膜類	爬虫類の適応放散 両生類の適応放散 有羊膜類
4億1600万年前	古生代	デボン紀	両生類の出現 シダ植物、種子植物が出現 紀末に海洋生物種の82%絶滅	両生類上陸 両生類の出現	両生類上陸 両生類の出現
4億4370万年前	古生代	シルル紀	昆虫類や最古の陸上植物が出現 魚類の進化		
4億8830万年前	古生代	オルドビス紀	節足動物や半索動物が栄える 期末に85%の種が絶滅 オゾン層形成		
5億4200万年前	古生代	カンブリア紀	海洋が地球上のすべてを覆う 動物門のすべてが出現		

P-T境界：約2億5千万年前の古生代最後のペルム紀（Permian）と中生代最初の三畳紀（Triassic）の境目に相当する。
両者の頭文字を取って「P-T境界」という。古生物学上では史上最大級の大量絶滅が発生したことで知られている。

K-T境界：約6550万年前の中生代（Kreide（独））と新生代（Tertiary）の境目に相当する。両者の頭文字を取って「K-T境界」という。
恐竜を代表とする大型爬虫類をはじめ、種のレベルで約75%、また個体の数では99%以上が絶滅した。
ユカタン半島付近に落下した巨大隕石が、大量絶滅の引き金になったとされる。

中生代三畳紀後期、約2億1千年前、地表の平原化・砂漠化と天候の激変、空気の低酸素化により地球上で76％の種が絶滅したが、このなかでキノドン類の数種のみが生き残った。その後、これらの種は、白亜紀前期にキノドン類の哺乳形類から進化した哺乳類を除いてすべてが絶滅している。原因は不明である。哺乳類は、その後、白亜紀末期に起こった小惑星の地球への衝突による恐竜を含む大型爬虫類の絶滅の後、そのニッチ（生態学的位置）を継ぐ形で、多様な哺乳類として地球上に大規模に放散進化して現在に至っている。

地質時代の年代区分と、それぞれの年代の概要、地球上の大陸変動の状態、そして、その間の単弓類の分化と変遷については表2.1のとおりである。この表から、これから説明する単弓類（哺乳類型爬虫類）から哺乳類への進化における下顎の形態学的変化が、古生代ペルム紀から中生代三畳紀を中心とする数千万年の時代スケールでのできごとであることを改めて確認してほしい。

1. 爬虫類的哺乳類の下顎の進化

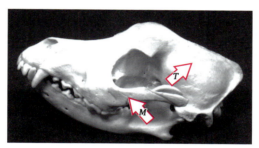

図2.19　犬の頭蓋骨と咀嚼筋

哺乳類の下顎の例として、図2.19に犬の頭蓋骨の写真を示している。下顎を動かす主な筋肉は、側頭筋（T）と咬筋（M）であり、側頭筋は下顎の突起物（筋突起）を後ろ上方に引き、咬筋は顎の表層に付いて、下顎を前上方に引く。そのほかに、下顎には奥に翼突筋と顎二腹筋が存在するが、主たる咬合力は側頭筋と咬筋による。筋は多くの筋繊維からなるが、その合力はそれぞれ力のベクトル T と M で表すことができる。

典型的な爬虫類と哺乳類の顎と筋肉の模式図を図2.20 [7] に示す。爬虫類（A）の下顎は単純な棒状で、大きな突起物はない。下顎は数個の骨で構成され、下顎を閉じる筋の方向は、棒の方向に対して全部ほぼ直角である。哺乳類（B）では歯を支えている歯骨の部分のみが爬虫類に似ているだけで、下顎の後方には筋突起といわれる上方への突起物がある。大きな側頭筋がこの筋突起を後ろ上方に引き上げ、咬筋は下顎の後部を前上方に引き上げている。哺乳類では下顎は1つの歯骨のみで形成されている。

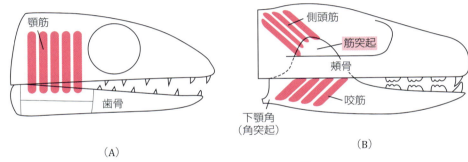

図2.20 爬虫類（A）と哺乳類（B）の顎と筋肉の模式図[7]

　一連の哺乳類型爬虫類においては、哺乳類の下顎構造が完成する迄の各段階の移行形を、その残された化石の形態学的研究から追うことができる。図2.21はCromptonなど[8]によって1963年に発表された有名な一連の下顎の形態図である。まず、時代順に名称（繁栄した時期）、分類名、大きさ、想像図を示す。

（想像図①～⑤はWikipediaから引用改変[9]、⑥はRomer.A.S.[10]より引用改変）

①ラビドザウルス（Labidosaurus）
（ペルム紀）初期有羊膜類 無弓類 75cm

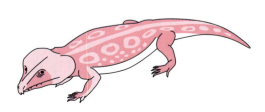

②ディメトロドン（Dimetrodon）（巨大な帆が特徴）（初期ペルム紀）盤竜類 1.7m～4m

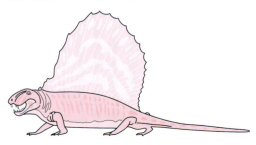

③テロケファルス（Therocephalian）
（中期ペルム紀～三畳紀）獣歯類 1.5m

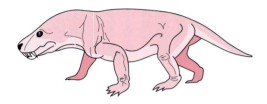

④トリナクソドン（Thrinaxodon）
（初期三畳紀）キノドン類トリナクソドン科 30cm～50cm

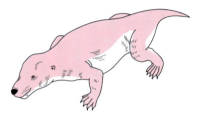

⑤トリラコドン（Trirachodon）
（初期三畳紀〜中期三畳紀）キノドン類ディアデモドン科 50cm

⑥ディアルトログナトゥス（Diarthrognathus "Two joint jaw" の意）
（三畳紀）キノドン類チニクォドン科 50cm

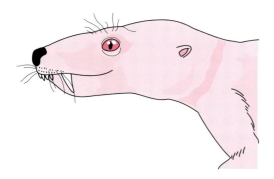

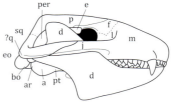

図 2.21 では、
- （1）ラビドザウルス
- （2）ディメトロドン
- （3）テロケファルス
- （4）トリナクソドン
- （5）トリラコドン
- （6）ディアルトログナトゥス

へと進化が進むにつれての下顎の形状の変化を表している。進化につれて下顎には筋突起が発達し、そこに側頭筋 T が作用していることがわかる。

図中では下顎にかかる力が、

CM：顎筋による力

SM：咬筋による力

T：側頭筋による力

R：顎関節から受ける力

B：食物から下顎が受ける力

で表されている。

咬筋による力 SM の作用点は、順次前方に移動し、顎関節から受ける力 R はきわめて小さくなっている。これらの形態学的変化から、①のラビドザウルスの下顎が、図 2.20A（爬虫類）の模式図に類似しており、また、⑥のディアルトログナトゥスの下顎が、B（哺乳類）に対する模式図に類似していることがわかる。

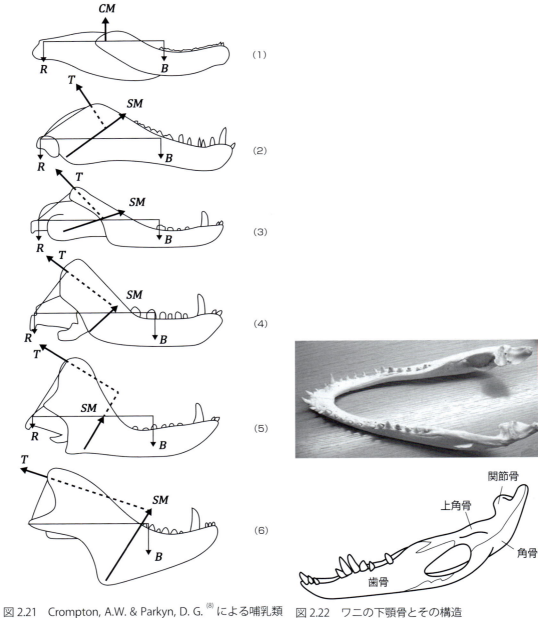

図 2.21　Crompton, A.W. & Parkyn, D. G.[8] による哺乳類型爬虫類の下顎の形態的進化図

図 2.22　ワニの下顎骨とその構造

　①のラビドザウルスと同じ様式の下顎をもつ現代の爬虫類であるワニ（Alligator）の下顎の写真と構造を図 2.22 で示している。

　この下顎の形態学的特徴を静力学で説明すると次の図 2.23 のようになる。

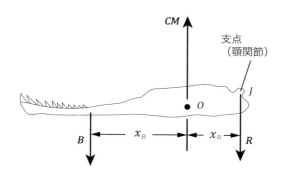

図 2.23　ワニの下顎の静力学的モデル図

垂直方向の力の釣り合いから $CM = B + R$、O 点の周りの力のモーメントの釣り合いから $x_B \times B = x_R \times R$ が成立するので、$CM = B(1 + \dfrac{x_B}{x_R})$、$R = B \times \dfrac{x_B}{x_R}$ となる。たとえば x_B が x_R の 2 倍で、噛む力 B を 1N(ニュートン) とすると、必要な筋肉の力 CM は 3N で 3 倍、関節にかかる力 R は 2N で 2 倍になる。つまり、噛む力 B は、関節にかかる力 R の半分であり、筋肉の力 CM をいくら増強しても、下顎がこの形であるかぎり、顎関節の耐える力の限界が噛む力の限界を決めていることがわかる。

次に図 2.21 ⑥ディアルトログナトゥスの下顎に近い構造をもつ現代の哺乳類の下顎の形の特徴は、次のように表される。

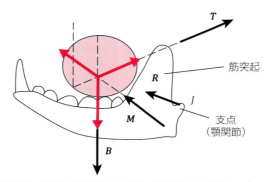

図 2.24　現代の哺乳類の下顎の形態と静力学的モデル図

下顎には、図のように食物を噛むときに食物から受ける力 B と側頭筋から受ける力 T と咬筋から受ける力 M、顎関節から受ける力 R がかかっている。力のベクトルは作用線上を動かしてもその作用は変わらないので、B と T と M を赤い矢印のように移動させ、それらが 1 点で交わり、ベクトル的にゼロになれば、この下顎は顎関節からの力 R が無くても十分につり合うことができる。この条件は、ベクトルの和を表す式で書けば、$T + M + B = 0$ のように書くことができる。

静力学的に表現すれば、爬虫類から哺乳類への進化において、下顎に筋突起ができて、爬虫類の顎筋が分化した側頭筋がこの筋突起に付いたため、咬合において顎関節にかかる力がほとんどゼロ、またはきわめてゼロに近い状態が実現したこと、加えて、2 種類の筋力により咀嚼能力（力と機能）

が大幅に増加したことを示している。このつり合いの条件を考えれば、TとMの大きさを比較したとき、肉食系の種ではTが大きく、草食系の種ではMが大きいことが容易に想像できる。

図2.21の②から⑤への一連の哺乳類型爬虫類での下顎の変化は、爬虫類から哺乳類への進化の過程において、その形態的な変化が自己の筋力をより合理的に利用し、かつ顎関節への負担が少なくなる方向に変化してきたことを示している。咬筋による力SMの作用点が次第に前方へ移動したことは、奥歯での咀嚼がより有効になるという利点のためだと思われる。

この進化の過程で、最初は関節の役割を果たしていた下顎の後端の骨は次第に縮小し、最後に⑥ディアルトログナトゥスでは、歯骨自身が頭骨と関節をつくるようになり、旧関節は退化して形を残すのみとなった。ディアルトログナトゥスという名前の意味は、2種類の顎関節を併せもつという意味である。この顎関節の退化は、上記の旧顎関節にかかる力が減少した過程と良く一致しており、咬筋による力への垂線の足の長さを増加させ、力のモーメントを増すことに貢献している。そして、驚くべきことに、現在の哺乳類では、退化したこの旧顎関節の骨は耳の奥に移動して内耳の骨となり、高感度の聴覚系を形成している。

最後に、現代の哺乳類であるイノシシ（図2.25.1）、犬（図2.25.2）の下顎の写真とヒト科の下顎骨の写真と咀嚼筋の図（図2.25.3）を示す。

図2.25.3で1.1、1.2、1.3は3つに分かれている側頭筋、5が咬筋である。3と6は外側と内側の翼突筋を示している。

それぞれ自己の生存に適した、高度に洗練された形をしていることを心に留めてほしい。

図2.25.1　イノシシの下顎骨

図2.25.2　犬の下顎骨

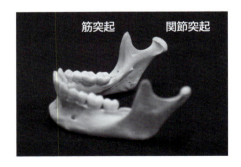

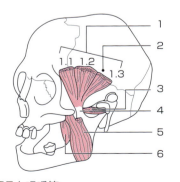

図2.25.3　ヒト科の下顎骨と咀嚼筋

2.5 撓（たわ）みと構造

前節までに取り扱った骨格は、力が作用しても変形しない（と見なせる）、ある形を持った剛体として取り扱ってきた。この節では、この点を再考し、力が作用したときに物体はどのように変形するか、そのときに物体内部に生じる力はどんな力か、こうした点を考慮して、物体を変形に対して丈夫で、かつ軽くつくるにはどのような工夫が必要かを考察する。

1. 応力と歪

> **例題1** 図2.26のように、おもりを太いピアノ線（鋼線）でつり下げる。おもりとピアノ線にはどのような力が加わっているか、力の矢印で示せ。

おもりに着目する。おもりは静止しており、力Aは地球がおもりを引っ張る力、Bはピアノ線がおもりを引く力であり、力の大きさは同じで反対向きである。ピアノ線に着目すると、力CはBの反作用で、おもりがピアノ線を引く力であり、力Dは天井がピアノ線を引く力である。CとDは力の大きさは同じで反対向きで、ピアノ線は静止している。

（力Aの反作用と力Dの反作用が、どこにどのように作用しているかも併せて考えてほしい。）

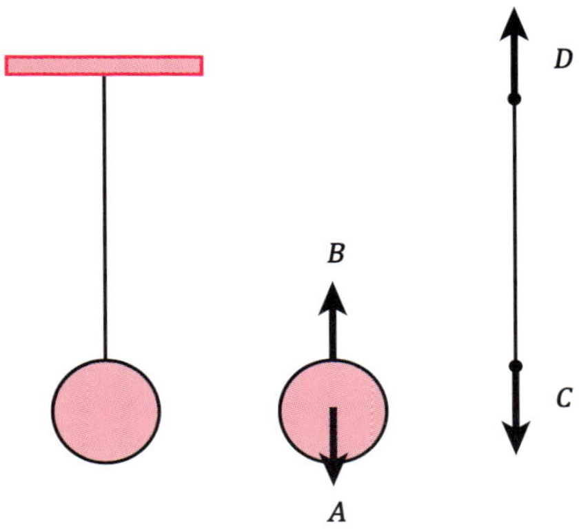

ピアノ線は力CとDによって引き伸ばされ、バネやゴムの延びに比べるとわずかではあるが延びて、

図2.26　ピアノ線にかかる張力

この力（張力）に耐えている。この張力により、ピアノ線の内部では、線の垂直な断面で互いに向かい合っている鉄の原子間の距離が、わずかに広がり引力を生じている。一組の原子間の引力は小さくとも、原子1個の直径は約2×10^{-10} mであり、たとえば1mm^2の断面積には3×10^{13}個の莫大な数の原子が関与しているのである。

> **例題2** 図2.27のように、太い丸太の上に石の塊が置いてある。石と丸太には、どのような力が加わっているか、力の矢印で示せ。

石は静止しており、力Aは地球が石を引っ張る力、Bは丸太が石を支える力で、これらの力の大きさは同じで、向きは反対である。丸太に着目すると、力CはBの反作用であり、力Dは地面が丸太を支える力である。CとDは力の大きさは同じで向きが反対で、丸太は静止している。

丸太は力CとDによって圧縮され、わずかではあるが分子間の距離が荷重のない位置より縮むことにより、この圧力に耐えている。2.3節で扱った身体を構成する骨も実際は同じ働きをしてい

る。厳密にいえば骨は剛体ではなく、非常に硬いバネやスポンジと見なすことができる。

これらの例を定量的に扱う場合の平易な例として、ゴムひもに力を加えて引き伸ばすことを考える。材質は全体にわたって均質であるとする。断面積が2倍のゴムひも（2本のゴムひもを束ねたのと同じ）を同じだけ引き伸ばすには、2倍の力が必要である。つまり、物体の変形の度合いを決めるものは、力自体ではなくて、単位断面積に働く力、つまり断面積 S の棒に力 F が作用する

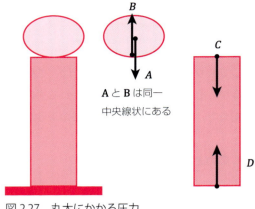

図 2.27　丸太にかかる圧力

とすれば $\frac{F}{S}$ であり、これを応力（以後、σ シグマで表す）という。単位は N/m^2、または、圧力の単位の名称である Pa で表される。

まず、図 2.28 の 2 種類の応力について説明する。(a) 図で $\frac{F}{S}$ は引張り応力（張力）で、単位断面積あたりの物体を引き延ばす力である。(b) 図の $\frac{F}{S}$ は圧縮応力（圧力）で、単位断面積あたり物体を圧縮する力である。この 2 つの応力は断面に対し垂直方向に作用する。

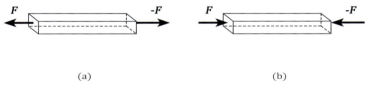

図 2.28　(a) 張力、(b) 圧縮力（圧力）

次に、同じ大きさの張力や圧力を受けたときの、物体の長さの変化を考える。長さの変化は、物体自身の長さによる。長さが 2 倍であれば、その伸びや縮みの変化量は 2 倍となり、半分であれば、その変化量も半分となる。

図 2.29 のような張力が作用しているとき、長さ l の物体の変化量を Δl とすると、この物体の歪（以後、ε イプシロンで表す）は $\frac{\Delta l}{l}$ で定義される。

ε は単位を持たず、物体の長さには無関係の量である。

図 2.30 は、張力を受けた金属材料 (a) と張力と圧力をかけたときの骨 (b) の応力と歪の関係を示して

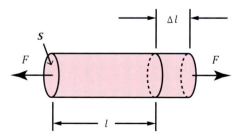

図 2.29　引張り応力と歪

いる。歪が小さいときは、応力－歪曲線は直線になる。つまり応力 σ は歪 ε に比例する。こうした範囲を材料の直線領域といい、直線の傾きをヤング率 E という。

$\sigma = E\varepsilon$ つまり $\dfrac{F}{S} = E\dfrac{\Delta l}{l}$ となり、E の値は物体の長さにも断面積にもよらぬ、物質そのもののもつ値である。E の単位は、応力と同じ N/m^2、または Pa で表される。

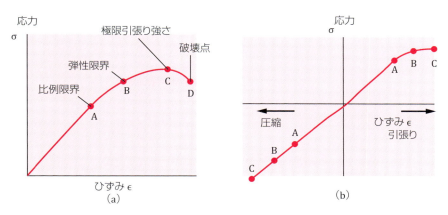

図 2.30 (a) 金属の応力－歪曲線、(b) 骨の応力－歪曲線

直線部分の限界点を比例限界点 A という。A 点を超えて、さらに応力をかけると、応力は、もはや歪に比例はしなくなるが、弾性限界点 B までは、かけた応力をなくすと物体の長さは元に戻る。B 点を越えて、さらに応力をかけ、応力が最大となる点を極限引張り点 C という。C 点を過ぎてさらに応力をかけ続けると、D 点で破壊が起こる。この点を破壊点という。(b) 図にあるように、骨のようなもろい材質の場合、D 点は C 点にきわめて近く図には表示されていない。このような材質を、脆性（もろいの意味）であるという。

2. ヤング率

例題 3 骨の圧縮力に対するヤング率を $1\times 10^{10} N/m^2$、極限圧縮（応力）の強さは $2\times 10^8 N/m^2$ であるとする。大人の大腿骨の一番細いところの断面積が $5\times 10^{-4} m^2$ で、簡単のため、骨は円柱形をしているとして次の問いに答えよ。

問題
(a) この大腿骨が破壊されるときの圧縮力はいくらか。
(b) 骨が潰れるまで、応力と歪が比例するとすれば、破壊が起こる瞬間の歪はいくらか。
(c) 大腿骨の長さが 30cm（0.3m）とすれば、圧縮されて破壊が起こるときに、この骨は何 mm 短くなるか。

解答

(a) $\dfrac{F}{S} = 2\times 10^8 \text{N/m}^2$ で破壊が起こる。$S = 5\times 10^{-4} \text{m}^2$ を代入して、

$F = 2\times 10^8 \times 5\times 10^{-4} \text{N} = 1.0\times 10^5 \text{N}$

1kg 重＝約 10N であるので、圧縮力は 10^4 kg 重、約 10 トンとなる。骨は荷重に対してはかなり強い。

(b) $\dfrac{F}{S} = E\dfrac{\Delta l}{l}$ より、$2\times 10^8 = 1\times 10^{10} \times \dfrac{\Delta l}{l}$

$\dfrac{\Delta l}{l} = 0.02$　2% の歪が生じる。

(c) 30cm×0.02＝0.6cm　6mm 短くなる。

いろいろな物質の、ヤング率と極限の強さを、表 2.2 にまとめてある。

表 2.2　ヤング率と極限の強さ（単位：N/m²）

材料	ヤング率 E	極限引張り強さ σ_t	極限圧縮強さ σ_c
アルミニウム	7×10^{10}	2×10^8	
鋼鉄	20×10^{10}	5×10^8	
れんが	2×10^{10}	4×10^7	
ガラス	7×10^{10}	5×10^7	11×10^8
骨（軸方向）			
張力	1.6×10^{10}	12×10^7	
圧縮力	0.9×10^{10}		17×10^7
堅い木	10^{10}		10^8
腱	2×10^7		
ゴム	10^6		
血管	2×10^5		

ヤング率が大きいということは、同じ歪を生じさせるためには、加える応力が大きくなくてはならない、つまり物質は「硬い」ということを意味し、逆にヤング率が小さいということは、応力が小さくても相当の歪を生じさせることができるということで、「柔らかい」ということができる。また逆に、同じ大きさの応力を加えたときは、ヤング率の大きい物質の歪は小さく、ヤング率の小さい物質の歪は大きい。

材料学の分野で良く知られたばねの法則に、$F = k\Delta l$ というフックの法則がある。k をバネ定数といい、バネの強さを表す常数であるが、ヤング率の定義の式と見比べると、$k = \dfrac{ES}{l}$ となる。

k の大きさは、ヤング率 E に比例することはもちろんであるが、棒や針金の断面積 S や長さ l による。S を大きくするか、または l を短くすれば、k は大きくなり、バネは強くなる。

次に、引張り応力（張力）、圧縮応力（圧力）とともに、物体中の応力の解析に必要な、もう1つの基本的応力である、ずり応力を説明する。ずり応力は、せん断応力ともいい、その弾性率である剛性率の詳しい取り扱いは、体積弾性率やポアソン比とともに、理工学や材料学で講義されるが、物体の撓みの説明では欠かすことができないので、ここでは簡単に触れることにする。

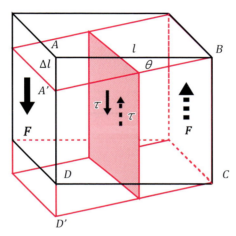

図 2.31　ずり応力（せん断応力）

図 2.31 のように、直方体の形をした物体の右側面 BC を固定し、左側面 AD に沿って、この面に平行に F の力を加える。直方体の各部分は BC に平行に下方に移動し、BC に垂直であった直線 AB は、小さい角 $\theta = \dfrac{\Delta l}{l}$ だけ傾き A'B となる。側面 BC に平行な物体内の任意の面（図中の色塗りの面）の両側には、側面の面積を S とすると、$\dfrac{F}{S}$ のずり応力（せん断応力）が作用している（以後、τ タウで表す）。この面を挟んで、向かいあって並んでいる原子または分子が、互いに上下逆方向にわずかにずれることにより、このずり応力に抗する力を生み出している。

この BC に平行な面をずり面（せん断面）といい、$\theta = \dfrac{\Delta l}{l}$ （単位なし、またはラジアン）をずり歪、またはせん断歪という。このときの弾性率は、$\tau = G\theta$ の G で表され、これを剛性率という。τ と G の単位は N/m^2、または Pa であり、ずり歪には単位はない。均質な材質であれば、G の大きさはヤング率 E の大きさの $\dfrac{1}{3} \sim \dfrac{1}{2}$ の大きさであることが証明できる。

3. 撓（たわ）み と 構造

梁は建物の水平方向に架けられた骨組みの材であり、屋根や床などの荷重を柱に伝えている。梁に垂直荷重をかけると、梁は下に凸になるような円弧の形の撓みを生じ、上部は縮み、下部は伸びるように変形して、この荷重に耐える。

図 2.32 にあるような、長さ L、断面が長方形の梁を考える。梁には、力 F が上面の中心に下向きに作用しており、下から両端で支えられている。梁を剛体と考えると問題は簡単で、梁は、両端で $\frac{F}{2}$ の上向きの力 F_1 と F_2 で支えられ、動かず回転しないつり合いの状態にある。

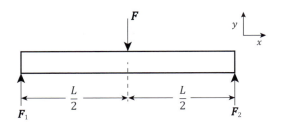

図 2.32　梁にかかる力

しかし、梁は力 F により、わずかではあるが円弧に近い形に変化する。

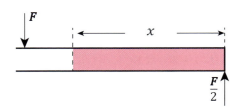

図 2.33　梁の右端側の一部

物体が、この変化、つまり撓みによって、長さに対して直角方向からの力に耐える仕組みを理解するため、図 2.33 にあるように、右端から距離 x （ $x < \frac{L}{2}$ ）までの部分を切り取り、これが動かないと考えて、つり合いの条件を考えていく。

x 方向には力は働かない。y 方向のつり合いの条件から、斜線部分の断面を考えると、断面の左側から断面の右側に下向きに $\frac{F}{2}$ の力が作用していることがわかる。この力は、「内部せん断力」、または、単に「せん断力」といわれ、その大きさは、前節で述べた、物体の剛性率、ずり歪（せん断歪）、断面積に比例する。

斜線部分が静止するためには、もう 1 つのつり合いの条件が必要である。図 2.34 にあるように、

斜線部分の左端に下向きに $\frac{F}{2}$、右端に上向きに $\frac{F}{2}$ の支持力が働く。この2つの力により、この斜線部分には反時計方向に偶力による $\frac{xF}{2}$ の力のモーメントが働く。このモーメントに抗して、断面に発生する時計方向のモーメント（図の回転矢印）を「内部曲げモーメント」、または、単に「曲げモーメント」という。

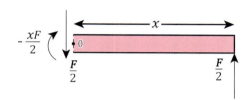

図 2.34　斜線部分に働く力のモーメント

（応用として、全体から斜線部分を取り除いた左部分について、どのような内部せん断力と内部曲げモーメントが作用しているか、図 2.32 に書き込んで考えてほしい。この左部分については右側の斜線部分から上向きに $\frac{F}{2}$ の内部せん断力が働いてこの部分を支えており、左端と中央に働く力を合わせてつり合いの状態にある。これらの力によるモーメントに対する内部曲げモーメントは、反時計方向に $\frac{xF}{2}$ である。）

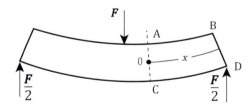 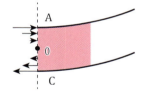

図 2.35　内部の応力

内部曲げモーメントはどのようにして生じるのであろうか。力がかかると、梁は図 2.35 のように変形する。変形は誇張して描かれているが、上部は長さが L より短くなって圧縮されて圧力が働いており、他方、下部については、長さは L より長く、張力が働いている。真ん中には圧力も張力も受けないところがあり、長さは L のままで変化しない。ここを中立面という。こうした変形により、梁の斜線部分が左側部分から受ける内部応力が、右側の図に矢印で示されている。

内部の圧力は上面の点 A から中立面の点 O に向かって順次減少し、O 点ではゼロとなる。また、O 点から下面上の点 C に向かっては、逆方向の張力として増加する。断面が長方形とすれば、内部力の大きさは、断面の幅が同じで縦方向に細かく分割した短冊状の面にかかる応力の大きさと

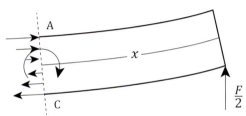

図 2.36　内部曲げモーメント

面積の積となる。これらの内部力の横方向の総和はゼロである。

図 2.36 のように、これらの内部力は点 O に関する時計回りの力のモーメントを発生させ、図 2-34 の偶力による反時計回りの $\frac{xF}{2}$ のモーメントとつり合っている。

梁や木の幹、動物の骨格などの自然物や、人間の作った多くの構造物は、いろいろな種類の応力を受けている。応力が単純な圧力や張力の場合は、変形は単に物体の断面に垂直方向だけに生じるので、物体の形は重要ではないが、物体が曲げる力に耐える、あるいは破壊されずに撓む能力は、物体の材質だけではなく、その形に関係する。

図 2.36 にあるように、梁の上下の表面の近くが最も大きな歪を受け、大きな内部応力を発生する。つまり、これらの内部応力による力が、中立面から離れた点で働くほど、それによる力のモーメントは大きくなる。厚みの大きい梁は、厚みが薄い梁に比べて、同じ撓み、同じ内部応力で大きなモーメントが得られるので、大きな荷重を支えることができる。逆に、荷重が同じであれば、厚みの大きいときは、その撓みは小さくなる。

断面が長方形である梁は、長さ方向を軸として 90°回転させることによって、断面の高さと幅を入れ替えることができるが、高さを大きく置いた方が大きな荷重を支えることができることは日常的に体験するところである。

なるべく軽くて丈夫な構造にするためには、中立面からできるだけ離れた所に材料の大部分が来るような構造が望ましい。図 2.37 にある I（H）字鋼や L 字鋼は、鉄道のレールや建物の鉄骨に使われる材料であるが、その断面は内部応力が一番大きい部分に材質が集中するように作られている。

また、図 2.38 にあるような、昔からある五重塔や、最近完成した東京スカイツリーなどの構造物の骨組みは、強い横風や地震による横揺れに対して、その内部応力が一番かかるところに材料を配した構造になっている。右図のトラス型の鉄橋は、列車の重みに対して耐えることができるように、一番外側のみに材料を配置した構造である。金属製のテーブルや椅子の脚が、パイプ構造、中空構造になっているのも同じ理由による。

断面で材質の占める面積が同じであるならば、中空構造のものが、中が詰まった構造より丈夫であるという原理は、自然界でも広く応用されている。骨は普通中空であり、ヒトの大腿骨は、内径と外径の比が 0.5 程度である。空を飛ぶ鳥類は、少しでも軽くて、かつ、しなやかな翼をもつ必要

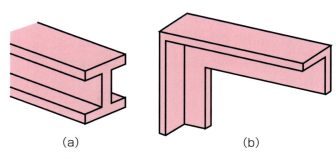

図 2.37　(a) I（H）字鋼、(b) L 字鋼

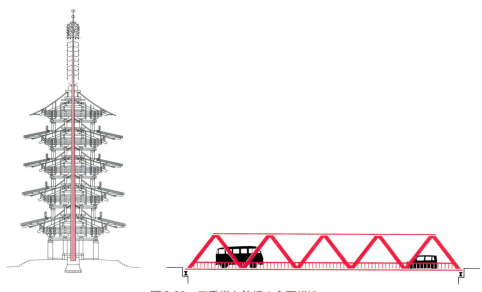

図 2-38　五重塔と鉄橋の主要構造

がある。白鳥の上腕骨の内径と外径の比は、0.9 と極端に薄い構造を持っている。しかし、あまりに薄い構造になると、長さ方向に圧力がかかったときに、物体のわずかな曲がりや材料の不均一により、片側に大きな力が作用し、この面が瞬間的に曲がったり潰れたりする、いわゆる座屈現象が発生する可能性が大きい。そのため、鳥の上腕骨には細い補強用の骨の支えが多数付いていることが多い。

　人間の手足などの長い骨の場合、重さのかかる中央の幹の部分は厚く充実していて、これを緻密質と呼ぶ。一方、図 2.39 にあるように、骨の端に近くなると、骨組織は一見細かい孔だらけに見える（海綿質）。この骨細胞および基質（膠原線維とアパタイトからなる）が細かくネット状に張り巡らされたような部分を骨梁と呼ぶ。一見脆弱そうであるが、この部分にかかる圧力と張力を分散して支える骨組みにあたり、非常に丈夫な構造を持っていることが知られている。骨梁は骨にかかる応力に対応するように並び組まれていて、断面をみると橋やタワーなどの建築物を思わせるような構造をとっている。骨梁の走行方向は、主な応力方向（圧力や張力が最も大きくなる方向）と一致しており、骨の形や構造は、加わる力に対して、最小の材料で最大の強度を達成するような形になっていることが指摘されている。

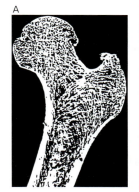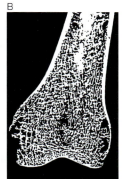

図 2-39　骨梁の分布

骨の組織は破骨細胞によって破壊され、骨芽細胞はコラーゲンを形成しながら石灰の沈着を促して、新しい骨組織を作り出している。骨はかかる応力に対応して、能動的にその構造を変化させる骨再構築を行い、機能に適応した形と構造を作り出す。赤ん坊は、地球の重力の下で動くことにより、その骨の形態を作り出し、さらに、運動することで骨の質を丈夫にしていく。宇宙に滞在し無重力状態に曝されると、わずか1週間で骨の強度は下がり、地球に帰還した後の回復には長い時間が必要であるといわれている。

図2.35のA点の曲率半径をRとすると、A点での内部曲げモーメントの大きさNは$N = E\dfrac{I_A}{R}$で表される。Eはヤング率を表し、I_Aは断面2次モーメントといい、断面の幾何学的な形状で決まる量である。たとえば、図2.35の梁（角棒）の断面が、厚さa、幅bとすれば、$I_A = \dfrac{a^3 b}{12}$と計算できる。NとEが同じであれば、I_Aが大きいときは、曲がりは小さく（Rは大）、I_Aが小さいときは、曲がりは大きい（Rは小）。いろいろな断面の形状に対するI_Aの計算は、比較的簡単な積分計算で求めることができて、その方法と公式は多くの教科書やデータブックにまとめられている。

2.6 歯を動かす（歯科矯正学と静力学）

古代ローマ時代の書物に「絶えず指で押していると歯は動く」という記述があるという。この「力の付与による歯の移動」は、現在でも歯科矯正治療の根本原理であり、現在ではこの原理による多くの術式が開発され、不正咬合で悩む患者への治療が行われている。ここでは、こうした術式についての基本的な理解のために、基本的術式の1つである「傾斜移動」の方法を中心に、静力学的な取り扱いを試みる。計算の不得意な人は、術式の要点を掴んで、得られた結論の意味するところを考えてほしい。

1.「傾斜移動」の方法

図2.40のAにあるように、歯に矢印のような矯正力が付加されると、歯根膜と歯槽骨に圧迫側と牽引側が生じ、その結果、Bのように圧迫側における骨吸収と牽引側における骨形成によって歯の移動が起こる。矯正力の負荷のかけ方には種々の法が考案されているが、その1つとして金属ワイヤーを歯冠部に固定し、その張力や弾力を利用する方法が用い

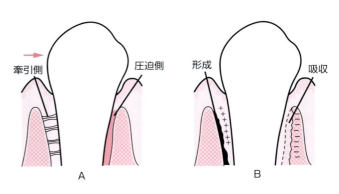

図2.40 歯の移動に伴う歯根膜と歯槽骨の反応

られる。

　図2.41のように歯冠部に矯正力が加わると、歯根部の細い平行線で示したA面とB面には圧迫が、反対の面には牽引が生じ、骨吸収と骨形成によって歯は次第に矢印の方向に回転する。このときに歯根膜と歯槽骨にかかる力の見積もりには、力がかからない位置O（回転中心）からの距離によってその大きさが異なるため、これを考慮した取り扱いが必要となる。そのため、まず、図のAの部分のみを取り出し、矯正力による変位が回転中心からの距離に比例するとして次のような計算を行う。

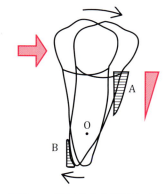

図2.41　矯正力と歯根膜と歯槽骨にかかる力（傾斜移動）

2. 歯根内の歯にかかる力の計算法

図2.41のAの部分を抜粋すると図2.42となる。

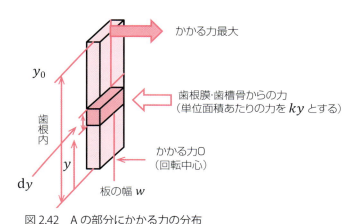

図2.42　Aの部分にかかる力の分布

　回転中心 $y=0$ では歯根膜と歯槽骨にかかる力は0であり、一番上部の $y=y_0$ ではかかる力は最大となる。その間、面の単位面積にかかる力は、y に比例しており、これを ky とする。色のついた高さ y で縦幅 dy、横幅 w の面にかかる力は、$ky \cdot w \cdot dy$ となり、この面全体にかかる力は、$kw\int_0^{y_0} y dy = \dfrac{kw}{2}y_0^2$ となる。

　次に、面全体にかかる力を1つの合力として扱うとき、この力がどの位置に作用していると見なせるかを計算する。G を合力の作用する位置の y の値とすると、

$$\int_0^{y_0} y \cdot ky \cdot w dy = G\dfrac{kw}{2}y_0^2$$ となり、$kw\dfrac{y_0^3}{3} = G\dfrac{kw}{2}y_0^2$ が得られ、

$G = \dfrac{2}{3}y_0$ となる。

結論として、この面全体にかかる力は全体で、$\dfrac{kw}{2}y_0{}^2$ であり、回転中心から測って、上から $\dfrac{2}{3}$ の所にこの力が作用していると見なすことができる。

3．「傾斜移動」への応用

移動すべき歯全体を、図2.43のような長方形の板とみなし、力のつり合いと力のモーメントのつり合いから、歯根内の回転中心Oがどの位置に生じるかを見積もることができる。外部からの矯正力の大きさを F、この力の作用する歯冠部と歯根との境界面（歯肉縁）からの高さを h、歯の幅を w、歯の歯根内の長さを l、回転中心の根尖からの位置を x とする。

矯正力と図2.41のA面とB面にかかる力の合力のつり合いから、

$$F + \frac{k}{2}wx^2 = \frac{k}{2}w(l-x)^2 \tag{1}$$

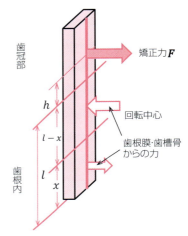

図2.43　Aの部分にかかる力の分布

前節で計算したA、B両面にかかる力の合力と作用点を考慮して、矯正力 F が作用している点周りの力のモーメントのつり合いを考えると次の式を得る。

$$\left\{h + \frac{1}{3}(l-x)\right\}\frac{k}{2}w(l-x)^2 = \left(h + l - \frac{x}{3}\right)\frac{k}{2}wx^2 \tag{2}$$

これより　$x = \dfrac{l}{3}\left(\dfrac{3h+l}{2h+l}\right)$　を得る。

$h=0$ のときは $x = \dfrac{l}{3}$ となるが、
実際の矯正の治療における h と l の値をみると、h は $\dfrac{1}{2}$ より十分小さく、x は、ほぼ $\dfrac{1}{3}$ に近いと見なすことができる。

このことより、「単根歯の歯冠部に水平方向の矯正力を加えると、歯根の根尖側 $\dfrac{1}{3}$ を回転中心として傾斜する」という歯科矯正学の教科書にある経験則を確認することができる。

得られた $x \cong \dfrac{l}{3}$ を（1）式に代入してFを求めると、$F = \dfrac{kw}{6}l^2$ となり、必要な矯正力は、歯根内の歯の長さに大きく影響される。

（実際の治療では、矯正力の圧力の適正値は 30g重/cm² 〜 50g重/cm²〈3kPa 〜 5kPa〉が目安として知られている。）

次に、多根歯である臼歯等の歯根下部の面積が上部に比べて小さい歯について、回転中心 x の値を見積もってみる。粗い近似であるが（2）式において右辺での歯の幅 w' が左辺での歯の幅 w よ

り小さいと仮定すると、

$$\left\{h + \frac{1}{3}(l-x)\right\}\frac{k}{2}w(l-x)^2 = \left(h + l - \frac{x}{3}\right)\frac{k}{2}w'x^2 \tag{3}$$

$\frac{w'}{w} < 1$ より $x > \frac{l}{3}\left(\frac{3h+l}{2h+l}\right)$ となり、回転中心の位置 x は $\frac{1}{3}$ より相当大きくなることがわかる。ちなみに $w' = 0.7w$ で計算すると x は $0.45l$ 程度となる。臼歯の根分岐が歯根内の半分ほどの位置から始まっていることを考えると、このことは、教科書にある「大臼歯は根分岐点（近く）を回転の中心とする」という経験則への1つの説明になりそうである。

4.「根尖移動」（トルク）の方法

　実際の矯正の治療では、1本の歯が歯列から内側に転位しており、この歯を歯列内に移動しようとする場合、「傾斜移動」により歯冠部を揃えることができても、根尖部に近い部分が揃わない場合がある。この場合、日時の経過とともに、矯正した歯が歯冠部も含めて元に戻りやすく、根本的な解決にならないことが多い。根尖部分をどう動かすか、その方法の1つにトルク（力のモーメント、回転力）の方法が考案されている。

　図2.44のように、傾斜移動と同じように、歯冠部にブラケット（ワイヤー支持部）を固定し、これにワイヤーを取り付ける。ブラケットでワイヤーを固定する溝をスロットというが、トルクの方法では、この溝の断面の形状が図のように四角となっており、ここに同じ大きさの四角の角ワイヤーをねじった形で固定し、ねじれトルクを歯に与えるようにセットする。こうしてブラケットを回転中心として、根尖部に一番大きい圧力を与え、移動させることが可能となる。

　また、歯科矯正の治療現場では、必要によっては、「傾斜移動」と「根尖移動」の方法を組み合わせることにより、図2.45のような「歯体移動」の治療を行っている。

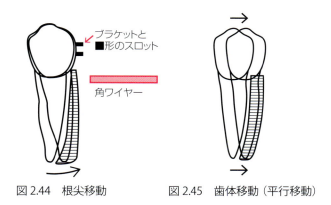

図2.44　根尖移動　　図2.45　歯体移動（平行移動）

練習問題

1. 自分の身長をはじめ、他のすべての大きさを 2 倍にしたら、次の量は何倍になるか計算せよ。
　(a) 体重、(b) 基礎代謝量、(c) 足の骨にかかる単位面積あたりの荷重

2. 下の図において、P 点の周りの F_1 による力のモーメント（トルク）と F_2 による力のモーメントを求めよ。また、この物体が初め静止していたとすれば、この 2 つの力を加えたとき、この物体は回り始めるか、回るとすればどちら向きに回るかを示せ。

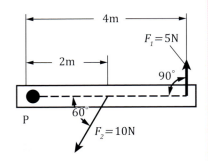

3. 長さ 2 m、断面積 1mm² のピアノ線（鋼鉄線）に質量 10kg の物体をつるした。
　(a) ピアノ線が受ける応力と歪を求めよ。
　　　ピアノ線のヤング率は、2.0×10^{11} N/m²、地球の重力加速度は 10m/s² とする。
　(b) ピアノ線はどれだけ伸びるか。
　(c) このピアノ線につるすことのできる最大質量を求めよ。
　　　ピアノ線の極限引張り強さは、5×10^8 N/m² である。

4. 長さ 1m、切り口 10cm×10cm の硬い木の柱で 1000N の荷重を支えている。
　(a) この柱が受ける応力と歪を求めよ。
　　　硬い木のヤング率は、1.0×10^{10} N/m² とする。
　(b) 柱の長さはどれだけ変わるか計算せよ。

5. 歯牙、筋突起、顎関節を含む、ある哺乳動物の下顎の構造を図に示している。
咬合に際して、A の部位、B の部位に作用して、矢印の方向に力を及ぼしている筋肉の名称を記入せよ。
　A（　　　　　　　）、
　B（　　　　　　　）

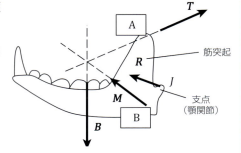

まとめと確認

□大きさと形（スケーリング則）
- 形の同じ 2 つの物体を比べるとき、長さの比が L 倍とすると、面積に関する量は L^2 倍、体積に関する量は L^3 倍となる。動物の身体を考えるとき、面積に関する量は、身体や組織の表面積、組織の断面積などが該当し、体積に関する量には体重などが該当する。これをスケーリング則という。
- 動物は大きくなればなるほど、身体は太く、足も極端に太くなる。また、小さい動物は小さくなればなるほど、食事の回数が多くなり、ある一定以下の大きさの恒温動物は存在しなくなる。こうした事象はスケーリング則を使えば容易に推測できる。
- スケーリング則では、さらに、動物の生理学的な時間（心周期や寿命など）が、その大きさによって大きく異なっていることを示すことができる。

□静力学の原理
- 骨格のように力が作用しても変形しない物体を剛体という。剛体の併進運動と回転運動を考えるとき、剛体にかかる力の性質として、力の大きさ、方向（向き）、作用線を指定する必要がある。力は作用線を指定したベクトルで表示される。
- 力がつり合っていて剛体が静止しているとき、つまり、剛体が「動かない」、「回らない」ときは、作用している力のベクトルの和はゼロとなる。
- 剛体が静止している状態の解析を行うためには、次の 2 つの条件を数式で記述する。
  （1）物体に働く力の和は、任意の方向で計算してゼロでなければならない。
  （2）任意の点の周りで、物体に働く力のモーメント（回転力）の和はゼロでなければならない。

□骨格と筋肉の仕組み
- 人間の身体が外に向かって力を出す仕組みを理解するためには、骨格と筋肉の構造に基づく静力学な考察が必要となる。
- 問題の解析には、まず、注目する物体が他の物体からどのような力を受けているかを示すモデル図を描き、物体が静止しているための 2 つの条件に従って、必要なつり合いの式を記述して、解析を行う。
- 多くの場合、身体が外に向かって力を出すときには、身体の内部では関連する筋肉が表に現れる力の数倍から十数倍の力を出していることを証明できる。

□爬虫類から哺乳類への下顎の進化（静力学による下顎の形態学的変化）
- 地球上の動物が爬虫類から哺乳類へ進化する過程は、古生物学による化石の形態学的変化から見ることができる。

- 爬虫類の下顎は、歯骨に顎筋がついているだけの簡単な構造であるが、哺乳類の下顎になると歯骨には筋突起が形成され、そこに側頭筋がついて、下顎は咬筋と側頭筋の2種類の筋肉で動かされるように進化した。
- 静力学的に考察すると、爬虫類では咬合力の強さは、咬筋の力によらず、顎関節がどれだけの力に耐え得るかによる。哺乳類では、形態学的にみると、下顎の構造は、側頭筋の力、咬筋の力、食物から受ける力（噛む力の反作用）の3つの力の和が、ベクトル的にゼロ、またはゼロに近い状態となっており、顎関節にかかる力が極力軽減されるという利点を生み出している。
- 同じ哺乳類でも、多くの動物の下顎はそれぞれ自己の生存に適した高度に洗練された形をしている。

□撓（たわ）みと構造
- 物体に力をかけると、物体は変形し、縮み、伸び、ずりが生じる。単位面積あたりの力を応力といい、圧力（圧縮応力）、張力（引張り応力）、ずり応力の3種類がある。また、単位長さあたりの、縮み、伸び、ずりを歪といい、各応力に対して、圧縮歪、引張り歪、ずり歪がある。物体が応力に耐える力は、物体内の原子や分子が負荷のないときの位置からわずかにずれることによって生じる。
- 歪が小さい範囲では、応力と歪は比例する。この比例係数を弾性率といい、圧力と張力に対する弾性率をヤング率、ずり応力に対する弾性率を、ずり弾性率という。弾性率は物体の長さや太さといった形にはよらず、物質に固有の値である。
- 梁に垂直荷重をかけると、梁は下に凸になるような形に撓みが生じ、上部は縮み、下部は伸びるように変形する。梁の一部を取り出すと、左右の端に、ずり応力が逆方向にかかり、これによるモーメントと撓みによるモーメントがつり合って静止している。撓みによるモーメントの大きさは、撓みの大きさ、梁の断面の形状、材質のヤング率による。
- 梁は垂直方向に厚ければ、撓みによるモーメントは大きくなる。また、撓みの大きい部分に材質が集中するような形状にすれば、軽くて撓みに強い構造となる。動物の骨の構造、レールや鉄骨の形状、橋や高層建築物の構造は、すべてこうした内部構造をもつ。

□歯を動かす（歯科矯正学と静力学）
- 歯科矯正治療は、「力の付与による歯の移動」による。矯正力は歯根膜と歯槽骨に圧迫側と索引側を生じさせ、圧迫側における骨吸収と索引側での骨形成によって歯の移動が起こる。
- 歯冠部に矯正力が加わると、歯は歯根部を中心にして回転し、矯正学での「傾斜移動」を起こす。静力学的な解析を行うと、この回転中心は、ほぼ歯根の根尖側 $\frac{1}{3}$ となり、歯科矯正治療での経験則と合致する。

第3章
落下運動

> **この章で学べる医学・歯科医学のポイント**
> ### ▶超遠心分離機の原理などの自然現象
> - 等加速度運動と自由落下
> - 空気抵抗を考慮した落下運動の取り扱い
> - 雨粒の大きさによる落下速度の変化
> - 超遠心分離機の原理

　高校で学ぶ物理学の「力と運動」の章は、等加速度運動の取り扱いから始まる。一般的な等加速度運動の公式を導いた後、その応用として重力加速度 g を使った自由落下運動と、それに続く鉛直投げ上げや斜め投げ上げの問題が解説されている。しかし、学習者は、理論は納得できても、解説には必ず「大気の影響は無視する」とか、「空気の抵抗は存在しないか、無視できるほど小さいとする」とのただし書きが添えられているので、「物理ではそういう風に考えるのだ、普通の感覚とは少し違うけどな」と訝しがりながらそのまま終わることが多いように思われる。

　たとえば、「霧雨と豪雨では雨粒の落ちる速さはどちらが速く落ちるか（霧雨の雨粒の直径は 0.15mm、豪雨では 2mm ほど）」と問われたときに、読者はどう答えるであろうか。空気中の運動ではあるが自由落下運動であるので、水滴の大きさや重さには関係なく落下速度は同じだろうと答えるのか、それでもやっぱり違うと答えるのかである。問われているのは、水滴の大きさによって地面に到達する雨粒の速さに違いが生じるかどうかである。

　この章では、単純な自由落下運動から一歩進んで、空気中や液体中での物体の落下運動を取り扱い、現実の自然現象をどう考えるか、また、こうした現象が身近な機器にどのように応用されているかを説明する。

3.1　等加速度運動と自由落下（復習）

　一直線上を一定の加速度で進む運動を等加速度直線運動という。いま物体が x 軸上を一定の加速度 a [m/s^2] で等加速度直線運動をしており、初速度 v_0 [m/s] で原点（$x=0$）を通過したとする。この物体の時刻 t [s] での位置と速度を x [m] と v [m/s] で表すと、次の3つの式が成り立つ。

$$x = v_0 t + \frac{1}{2} a t^2 、\quad v = v_0 + at 、\quad v^2 - v_0^2 = 2ax \tag{3-1}$$

物体が地球上で受ける力は、物体と地球との間に働く万有引力による。式で表すと、

$F = ma = -G\dfrac{Mm}{r^2}$ である。m と M はそれぞれ物体と地球の質量、r は地球の半径、G は万有引力定数である。これより、物体の受ける加速度は、$a = -G\dfrac{M}{r^2}$ となり、物体はその質量の

大小によらず、一定の加速度で落下する。マイナスの符号は、加速度の方向が地球の中心に向かう方向、つまり鉛直下向きであることを示している。この加速度の大きさを g で表す。g の値は緯度や、地下内部の組成によって異なり、日本付近では $g = 9.80 \mathrm{m/s^2}$ として計算を行うのが適当である。

重力のみを受け、初速度 0 で落下する運動を自由落下という。鉛直下向きに x 軸を取り、時刻 t [s] の位置を x [m]、速度を v [m/s]、加速度を a [m/s^2] とすると、(3-1) 式より自由落下の場合は、

$$a = g、\quad v = gt、\quad x = \frac{1}{2}gt^2 \tag{3-2}$$

となる。

この式を見るかぎり、同じ高さから落ちてくる水滴の速さは、その大きさ、質量の大小によらず同じとなる。

3.2　空気抵抗がある場合の物体の落下運動

実際の落下運動では、物体には重力の他に空気の抵抗が働く。この空気抵抗は、物体の落下速度が遅いときはその速度に比例し、速くなると速度の 2 乗に比例するが、ここでは落下速度が遅いときを考えることにする。

運動方程式は次のとおりである。

$$F = ma = mg - kv \tag{3-3}$$

ここで k は空気抵抗の比例定数で、物体の大きさと形、空気の粘性の大きさによる。

初速を 0 とすると、最初は物体の速度 v は小さく、物体は（3-2）式と同じように等加速度的に加速していくが、速度が上がるにつれて空気抵抗が次第に大きくなり、重力と空気抵抗がつり合う速度になると $mg - kv = 0$ となる。つまり $v = \dfrac{mg}{k}$ に達すると $ma = 0$ となり、それ以降は加速度がなくなり物体は等速運動を行う。このときの速度 $v = \dfrac{mg}{k}$ を終速度という。

水滴の形状は球で、半径を r、密度を ρ とすると、$m = \dfrac{4}{3}\pi\rho r^3$ であり、空気の粘性係数を η とすると比例定数 k は、$k = 6\pi r\eta$ で表されるので、終速度の大きさ v は r^2 に比例する。つまり大きな水滴ほど速い速度で地面に到達することになる。

実際、霧雨の終速度は 0.5m/s ほどであり、対して、大粒の雨の終速度は 5m/s にもなる。また、雲を形成する水滴は霧雨よりさらに小さく、終速度もはるかに遅い。そのため、わずかの上昇気流があれば空中に浮かんでいることができる。

スカイダイビングで、パラシュートが開くまでの落下運動も同じように理解される。その終速度は空中での姿勢によって異なるが、両手両足を広げた姿勢では時速 180km（50m/s）、頭を下にし

た垂直落下では時速 280km（78m/s）ほどである。また、体重の大きい人の方が終速度は大きい。
　（3-3）式で終速度が実現するまでの速度変化の詳細な説明は、今後の学習に必要な初歩的な微分方程式の解法の例題として、3.4 節（付録）に添付してある。

> **問題**
>
> 　ピンポン球とゴルフの球とは、大きさはほぼ同じで半径はともに約 2cm、重さはピンポン球が約 2g、ゴルフの球が約 50g である。高い建物の屋上から落としたらどちらが先に地面に到達するか予想せよ。
>
> 答 1　ゴルフボールの方がかなり先に着く
> 答 2　ピンポン球の方が先に着く
> 答 3　どちらも同時に着く
> （注：どちらの球に対しても（3-3）式の k は同じである）
>
> 答え　1

　物を斜め上に投げ上げるとき、空気の抵抗を考慮しなければ、斜め 45°の方向に投げ上げるときに一番遠くまで届くことは簡単な計算で証明することができる。空気の抵抗を考慮したときの投げ上げの計算は、複雑な微分方程式を解くことが必要であるが、定性的には次のように説明できる。
　投げ上げの角度が大きいと、初速の垂直方向の成分は大きくなり、空中での時間が長くなるが、水平方向の成分（水平方向の速さ）は遅くなる。逆に、投げ上げ角度が小さくなると、空中での時間は短くなるが、水平方向の速さは増す。到達距離を考えるとき、この相反する事象の最適のバランスが問題となり、空気の抵抗を考えないときは、投げ上げ角 45°と最大となる。空気の抵抗を考慮すると、水平方向の速さに対しては、常に減速力がかかり続けるのに対し、垂直方向の滞空時間に関しては、軌道の頂点までは減速力は滞空時間を短くするように働くが、後半の頂点から運動に関しては滞空時間を大きくするように働く。つまり、水平方向の速度を少し大きくすることで到達距離を最大にすることができる。空気の抵抗を考慮したときの到達距離は、投げ上げ角が約 38°で最大であることが知られている。

3.3　超遠心分離機の原理

　試験管の中に溶媒を入れ、その中に同じ材質（タンパク質）で半径の異なる球状の高分子を入れて溶媒の液体中に沈降させる。高分子の球の半径を r とし、η は溶媒の粘性係数とする。高分子の密度を ρ とすると、球の体積は $\frac{4}{3}\pi r^3$ で、質量は $\frac{4}{3}\pi\rho r^3$ となり、球にかかる重力は $\frac{4}{3}\pi\rho g r^3$ となる。速度 v のとき、この高分子が溶媒から受ける抵抗力は $6\pi\eta r v$ である。
　これに加えて高分子には溶媒による浮力を考慮する必要がある。

溶媒の密度を ρ'（$\rho > \rho'$）とすると、この球状の高分子には $\frac{4}{3}\pi\rho'gr^3$ の浮力が上向きに作用する。座標を鉛直下向きに正にとり、この3つの力を考えると、試験管中の高分子の沈降速度（終速度）は $v = \frac{2r^2(\rho - \rho')g}{9\eta}$ となり、大きな高分子は大きな沈降速度、小さな高分子は小さな沈降速度をもつことになる。

　この沈降速度は、高分子の質量は小さく、溶媒の粘性係数が大きいために非常に小さいものとなり、地球上では数 cm の沈降差を得るために数週間、数カ月の時間を要する場合が多い。短時間でこうした分離をさせるために、高速の回転を利用した遠心分離機を利用して、高分子にかかる実効的な g の値が地上の数十万倍であるような世界を作り出して利用している。たとえば、半径 10cm のローターに取り付けた試験管を毎分 6 万回転の速さで回転させると、重力加速度が約 $4 \times 10^6 \mathrm{m/s^2}$、地上の g の値の 40 万倍の世界を作ることができる。

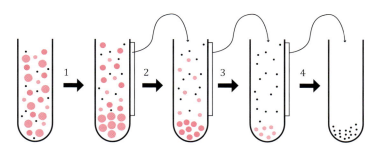

図 3.1　遠心分離による分子量の違う高分子の分離作業

3.4　（付録）空気抵抗を考慮した物体の落下運動の計算

$$F = ma = mg - kv \tag{3-3}$$

を微分方程式の解法を使い説明する。まず、(3-3) 式を書き直すと次のようになる。

$$m\frac{dv}{dt} = mg - kv \quad \text{つまり} \quad \frac{dv}{dt} = -\frac{k}{m}\left(v - \frac{mg}{k}\right) \tag{3-4}$$

(3-4) 式を変形して $\dfrac{dv}{\left(v - \dfrac{mg}{k}\right)} = -\dfrac{k}{m}dt$

両辺を積分すると $\log_e\left(v - \dfrac{mg}{k}\right) = -\dfrac{k}{m}t + c'$　　　c' は定数

つまり $v = \dfrac{mg}{k} + c \cdot e^{-\frac{k}{m}t}$ となる。

ここで $e^{c'}$ を改めて c と置いた。

$t=0$ のときの速度（初速度）を v_0 とすれば、$c = v_0 - \dfrac{mg}{k}$、

よって、(3-3) 式の解は、

$$v = \dfrac{mg}{k} + \left(v_0 - \dfrac{mg}{k}\right)e^{-\frac{k}{m}t} \tag{3-5}$$

となる。

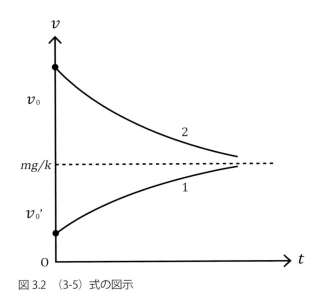

図 3.2　(3-5) 式の図示

　曲線 1 は、初速度が終速度より小さい場合の物体の速度の時間経過で、前節の自由落下の時 ($v_0 = 0$) の速度変化もこの曲線で表される。物体は速度を上げていくが、その加速は時間とともに次第に小さくなり、速度は $\dfrac{mg}{k}$ に収束する。曲線 2 は、初速が終速度より大きいときの変化で、たとえば高空から下向きに銃を発射したときの弾の速さの変化を表している。物体の速度は減少していくが、その減速の度合いは時間とともに次第に小さくなり、速度は同じく $\dfrac{mg}{k}$ に収束する。

第3章 落下運動

まとめと確認

□ 等加速度運動と自由落下（復習）

- 物体が x 軸上を一定の加速度 a [m/s²] で等加速度直線運動をしており、初速度 v_0 [m/s]、時刻 t [s] での位置と速度を x [m] と v [m/s] で表すと、次の3つの式が成り立つ。

$$x = v_0 t + \frac{1}{2}at^2 、 \quad v = v_0 + at 、 \quad v^2 - v_0^2 = 2ax$$

- 重力のみを受け、初速度0で落下する運動を自由落下運動という。自由落下運動では、重力加速度を g とすると次の式が成り立つ。

$$v = gt 、 \quad x = \frac{1}{2}gt^2$$

日本では g は 9.80m/s² として計算する。

□ 空気抵抗がある場合の物体の落下運動

- 空気の抵抗を考慮した場合の物体の自由落下運動を考える。最初は、物体の速度は小さく、物体は等加速度的に加速していくが、速度が上がるにつれて空気抵抗は次第に大きくなり、重力と空気抵抗がつり合う速さ $v = \dfrac{mg}{k}$ になると加速度はゼロとなり、物体は一定の速さとなる。k は空気抵抗の比例定数で、物体の大きさと形、空気の粘性の大きさに依存する。この速さを物体の終速度という。

- 雨粒の落下速度を空気の抵抗を考慮して解析すると、水滴の小さい霧雨の終速度0.5m/sほどに対して、大粒の雨の終速度は5m/sにもなる。また、雲を形成する水滴は霧雨よりさらに小さく、終速度もはるかに遅い。そのため、わずかの上昇気流があれば空中に浮かんでいることができる。

- スカイダイビングの落下速度は、この終速度である。また、こうした原理は超遠心分離機などに応用されており、分子量の異なる高分子の分離に利用されている。

著者からのメッセージ

　私は1944年（昭和19年）、わずかですが終戦前の生まれです。幼年期や小学校、中学校の時代は国民全体が本当に貧しい時代でした。希望が大きかった半面、頑張らなくては食っていけないという潜在的な恐怖感を皆が抱いていた時代です。高校生時代は全国を巻き込んだ60年安保、大学入学は所得倍増・理工科系倍増時、東京オリンピック・新幹線開業を経て大学院時代は大学紛争、その後の高度成長期…と、激動の世相に心を動かされ、時の政策に振りまわされる時代を生きてきました。しかし、こうした激しい変化のなかでも、私たちの世代は、人々との触れ合いと人間どうしの豊かな心の交流に夢を持ち、それを一番大事なものとして生きてきたように思います。

　私は大学受験にあたり、理学部を選びました。日本で初のノーベル賞受賞者である湯川秀樹先生の影響もありましたが、科学が人々に将来の豊かな生活を約束すると感じたからです。また、自然科学の法則を理解し研究を深めることにより、世界とそれを構成する物質を客観的に理解し、人間や人間社会を自分なりに把握できるのではないかと思いました。「自己の起源」の理解に近づけるのではないかという夢です。しかし、実際の研究生活での感想は、自然界は実に多様な複雑系であり、研究は自然のほんの一部の真理を見せてくれるに過ぎないということでした。

　35年間の大阪歯科大学での教師生活のなかで、生物や人体のもつ多様で豊かな構造と機能に関して、物理学の法則がどう働いているのか、より良き治療へ最新の科学技術の成果が活かされる可能性はないのかなどを、他の分野の専門家とともに探る作業は非常に楽しいものであり、それ自体が自分の物理学のもつ内容をより豊かにするものであったと感じています。

　医学・歯科医学教育の目標は、複雑な人体の構造と仕組みを理解し、直接患者に接して、その命を尊び、疾病の苦痛を軽減し、QOLの改善を図る方策と技術を学ぶことです。現代の医学・歯科医学の内容は、「人体の構造と機能」を自然科学の理解のうえに学ぶ体系をもっています。この本で取り上げた例はそのほんの一部に過ぎません。学生の将来の活躍の場である医療現場でも、自然科学との連携の基に、多くの直面する問題の解決を目指した努力が日夜続けられています。

　日本の人口は明治の初め約3,500万人、1910年で約5,000万人、そして昭和の初めから現在までの75年間でその2倍強の1億3,000万人へと推移してきました。この人口の急激な増加は、日本の生産力の増大に負っているとはいえ、医療の質と量の進展が大きな役割を果たしています。多くの医師・歯科医師先輩諸氏の日々の努力の積み重ねが国民の健康と福祉に大きく貢献し、日本人の平均寿命の大幅な伸びに貢献してきたと明言できます。そして、医師・歯科医師には、これからの国民の健康と福祉に直接的で全面的な責任があることを示しているのです。この本の読者である医療の道に進む学生諸君が大きな誇りと自負を持って勉学に精進され、大きな力に成長されることを期待しています。

第4章
生理学と流体力学

> **この章で学べる医学・歯科医学のポイント**
> ▶ **血液循環系の流れの理解を中心とした生理学**
> - 静止している液体と圧力（静水圧）
> - 生理学での血圧とその測定法
> - 粘性流体の法則とパイプライン構造
> - ヒトの血液循環系の基本的な仕組み
> - ラプラスの法則と肺胞（肺気腫）

　この章では、物理学の医学・歯科医学への応用として、身近な存在である液体の性質とその取り扱いについて具体例を挙げながら説明する。液体はその特別な性質によって、動植物の循環系において重要な役割を果たし、また、日常生活における多くの機器で利用されている。この特別な性質とは、液体は決まった形をもたず、力を加えると自由にその形を変えることができ、流れをつくることができることである。

　まず、静止している液体に静力学の原理を適用し、得られる基本法則を日常生活での現象や機器に応用する方法を学ぶ。医学、歯科医学を学ぶ学生諸君は、ここで血管系での圧力の測定方法を正確に会得する必要がある。

　次に、力学を液体の流れである流体に適用することによって、流体力学の基本法則を得る。流体の取り扱いは、流体の内部に摩擦力が表れない場合と、摩擦力、すなわち液体の粘性の効果を考えた場合に分けられる。それぞれの場合に得られる法則は、空気や水の流れに関する多くの自然現象や鳥の飛行の解明に役立ち、航空機をはじめとする近代技術への応用が可能となっている。われわれにとって特に大事なことは、これらの法則から、ヒトをはじめとする哺乳動物の血液循環系の仕組みが導かれることである。

　流体力学の基本法則の理解に留まっていた高校までの物理学から出発して、これらがヒトの血液循環系の基本構造と機能の理解につながることを説明する。

4.1　静止している液体と圧力

　レオロジー（rheology）とは、主に液体の流動に関する学問分野であり、日本語では「流動学」とも呼ばれる。医科や歯科の学生にとってレオロジーは生理学への応用において重要で、特に血流の性質についての研究は血液レオロジーとして医学での重要な分野を形成している。

　物質は大きく固体、液体、気体に分けられる。固体は力を加えてもその変形はわずかであり、体積変化も微小（1万気圧で1%程度）で非常に硬く、力の伝わり方は直接的である。これに対して液体は力を加えるとその形を容易に変えることができる。力を加えたときの体積変化は固体ほどではないが相当に硬い（100気圧で1%程度）。液体の「力が加わると自由に形を変え、流動する」という特質がレオロジーの基礎となる。他方、気体は力が加わると流動が起こるとともに体積の変化が容易に起こるという特質がある。気体での力の伝達は分子の衝突によるもので、個体や液体のような原子や分子間の直接的な力の伝達によるものではない。

第 2 章で、物体に加える力には、圧力、張力、ずり応力の 3 種類があることを説明した。固体においては、これらの力が加わると物体は変形し、圧縮歪、引張り歪、ずり歪が発生して外からの力に抗している。これに対して、液体では外から加えることのできる応力は圧力のみであり、張力とずり応力に対して液体は容易に変形して、その力に抗することができない。特別な場合として、粘り気のある液体（粘性流体）が運動するときには、ずり応力を考慮する必要があるが、これについては後節で扱うことにする。

変形の容易な液体が動かないということは、どのような力が液体の各部分に作用していることかを考えることにする。いろいろな証明法があるが、ここでは一例として、液体中に図 4.1 のような仮想的な小さい三角柱を考え、これが周りからの力を受けて静止していると考える。この三角柱はきわめて小さく、液体自身の重さの影響は考えなくてもよいものとする。

圧力 P、P_x、P_y は 3 つの面（面積 S、S'、S''）に垂直に作用する。この三角柱が動かないという条件から

$PS\sin\theta = P_x S'$

$PS\cos\theta = P_y S''$ が得られる。

$S\sin\theta = S'$、$S\cos\theta = S''$ より

$P = P_x = P_y$ となる。

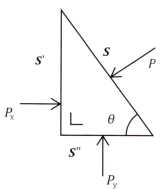

図 4.1　静止している液体にかかる圧力

つまり、変形の容易な液体が動かないということは、液体内のどの面をどう取っても、この面にかかる圧力が同じということと同義となる。

図 4.2 は小学校の理科にあるパスカルの原理を説明する図である。

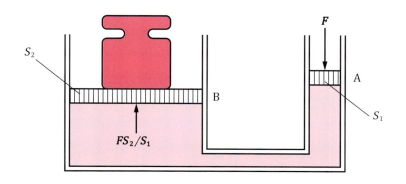

図 4.2　パスカルの原理

静止した液体では、一部の圧力を増加すると（図の場合、右側のピストンにより $P_1 = \dfrac{F}{S_1}$ だけ増加）、これにつながっているすべての液体内の圧力は同じだけ増加し、左側のピストンでは押し

61

上げる力は、$\dfrac{FS_2}{S_1}$ となる。$S_2 > S_1$ であるので、押し上げる力は増幅されたものになる。両ピストンを結ぶパイプはどのような形状でもよい。液体によるこのような力の伝達機構を油圧システムといい、車のブレーキをはじめ多くの機械での力の伝達に使われている。

地球上では地球による重力のため、水の上と下で圧力が異なる。地上において、水中で切り出した図 4.3 のような円柱形の静止流体の力のつり合いの条件は、$P_2 S = P_1 S + hS\rho g$ となる。P_1、P_2 は、それぞれ上面、下面の圧力、S は断面積である。液体の密度を ρ、円柱の長さを h とすると、

$$P_2 = P_1 + h\rho g \tag{4-1}$$

となる。

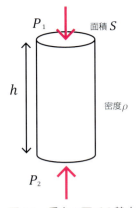

図 4.3　重力の下での静水圧

SI 単位系では、圧力は Pa（N/m²）、面積は m²、密度は kg/m³、加速度は m/s² の単位が使われるが、生理学では人間の血液循環を扱う慣習上、圧力は水銀柱の高さ mmHg で表示することが許されている。

また、以前には、ボンベの圧力や車のタイヤ圧など表すとき、何気圧とか、何 kg 重 /cm² といったことから、現在でもこうした単位が使われていることがあり、特に高圧を扱うときは、圧力の単位の使い方を誤ると人命にかかわることから、その大きさの感覚的な把握と正確な換算能力が必要である。

次の問題で、換算のやり方、計算法、そして生理学を学ぶうえで記憶すべき数値を学ぶことにする。

問題

1 気圧は水銀柱で 760mm の高さの圧力のことである。
これを次の単位で計算せよ。
（　　　　　　）mmHg（または torr）
（　　　　　　）kg 重 /cm²
（　　　　　　）Pa ＝（　　　　）hPa
水銀の密度は 1.36×10^4 kg/m³、地球の重力加速度は 9.8m/s² とする。

トリチェリーの実験（1643 年）（初めて真空を作ったことでも有名）

一方の端を閉じた長いガラス管に水銀を満たし、さかさまにして容器の中に立てるとガラス管内の水銀は大気圧が 1 気圧のとき、水銀面から 76cm までの高さに下がって止まる。このときの大気圧の大きさは、容器の水銀面での水銀柱の重さによる圧力と同じであることから、(4-1) 式 $P_2 = P_1 + h\rho g$ を使って次のように計算できる。

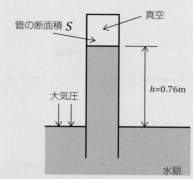

図4.4　トリチェリーの実験

解説

- **mmHg または torr**

  圧力の単位を水銀柱の高さ（mm）で表すときの単位は mmHg（またはこの実験の創始者にちなんで torr）を用いる。この単位は人間の血圧の表示に便利であり、医学・歯科医学の生理学の分野で広く使われている。

  1 気圧 = 760mmHg（= 760 torr）

- **kg 重 /cm^2**

  $0.76\text{m} \times (1.36 \times 10^4)\text{ kg/m}^3 = 1.03 \times 10^4 \text{kg 重 /m}^2$
  $= 1.03\text{kg 重 /cm}^2$

  SI 単位系と CGS 単位系が混じりあった奇妙な単位であるが、結果を見ればわかるように、「1 気圧は 1 平方 cm に約 1kg の重さがかかったものに等しい」ということで感覚的にも使いやすく、工業分野から日常生活に至るまで多くの分野で使用されてきた。計量法の改正に伴い、SI 単位系の使用が義務付けられた後は公式の表示では使われていない。

- **Pa（N/m^2）**

  $0.76\text{m} \times (1.36 \times 10^4)\text{ kg/m}^3 \times 9.8\text{m/s}^2 = 1.013 \times 10^5 \text{Pa}$
  $= 1013\text{hPa}$（ヘクトパスカル）h（ヘクト：100 倍を表す接頭語）
  $= 101.3\text{kPa}$（キロパスカル）k（キロ：1000 倍を表す接頭語）

- **bar（または mbar ミリバール）**

  $1\text{bar} = 10^5 \text{Pa}$ より、1 気圧は 1.013bar = 1013mbar

  気象学では bar（バール）またはその $\frac{1}{1000}$ の mbar が使用されてきた。しかし計量法の改正により mbar は hPa に改められた。1 気圧に対する値は同じく 1013 である。

多くの異なった単位を使った圧力の数値が出てくるが、圧力は単に生理学のみならず日常生活に多く関係しており、その大きさと数値との関係を感覚的に身に付けておくことは安全上きわめて重要である。上記の換算方法と得られた数値を記憶することは、特に人間を対象とする医師・歯科医師の必修事項である。ここで今後の学習で必要な液体の密度について表 4.1 にまとめておく。密度 ρ は液体の質量を体積で割ったもので、単位は通常 kg/m^3 を使用する。また、4℃の水の密度（$0.99997 \times 10^3 kg/m^3$）との相対値を比重という。

表 4.1 液体の密度　単位：kg/m^3

液体	密度	温度（℃）	液体	密度	温度（℃）
水銀	13.60×10^3	0	エチルアルコール	0.789×10^3	20
純水	1.000×10^3	0	血液	1.06×10^3	37
海水	$(1.01 \sim 1.05) \times 10^3$	15	血漿	1.03×10^3	37

実生活では密度を g/cm^3 で表すこともしばしば必要になる。

・純水　$1000 kg/m^3$
$1000 \times 10^3 g \div (100cm)^3 = 1 g/cm^3$　比重 1
・水銀　$13600 kg/m^3$
$13600 \times 10^3 g \div (100cm)^3 = 13.6 g/cm^3$　比重 13.6
・血液　$1060 kg/m^3$
$1060 \times 10^3 g \div (100cm)^3 = 1.06 g/cm^3$　比重 1.06

開管圧力計（Manometer）

血圧計の原型となっている開管圧力計の仕組みを説明する。

測定すべき左側の圧力 P の気体を図 4.5 のような U 字管に接続する。U 字管内の液体（赤い部分）には通常水銀を使用するが、圧力が低い場合には水または油を使用する。

U 字管の底の圧力は、左の管では $P + \rho g y_1$、右の管では大気圧 $+ \rho g y_2$ となり、

$P =$ 大気圧 $+ \rho g(y_2 - y_1) =$ 大気圧 $+ \rho g h$ となる。この $\rho g h$ をゲージ圧という。

通常は圧力を測定すべき対象物（血圧であれば身体）は大気圧中にあり、実効的な圧力はゲージ圧のみを考えればよい。血圧などは水銀柱の差をそのまま mm で計測し、100mmHg などと表現する。

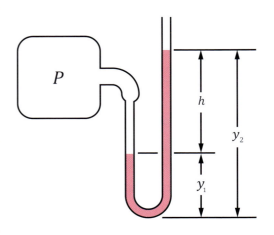

図 4.5　開管圧力計

4.2 生理学での圧力の測定とその取り扱い

1. 心臓と血圧

生理学では人間の血液循環系を取り扱う。図4.6は前から見た心臓の模式図である。右心室の筋肉が弛緩し、右心房を通って身体から戻ってきた酸素不足の血液が右心室に満たされる。三尖弁が開いて肺動脈弁が閉じている。右心室の筋肉が収縮して、その圧力で三尖弁が閉じ、肺動脈弁が開いて肺のほうに血液を送る。

左心室の筋肉が弛緩し、肺から左心房を通って戻ってきた酸素の豊富な血液で満たされる。僧帽弁が開き大動脈弁が閉じている。左心室の筋肉が収縮し、左心室内の圧力が高まり、僧帽弁

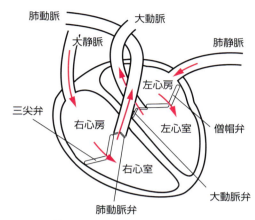

図4.6 前から見た心臓の断面

は閉まり大動脈弁が開く。血液は大動脈を経て動脈系に送り出される。

右心室と左心室は独立して動き、2つの心室の収縮はほぼ同時に生じる。聴診器で聞くと、三尖弁と僧帽弁が閉じるときと大動脈弁と肺動脈弁が閉じるときのやや鋭い2つの音が聞こえる。

記憶すべき典型的成人の心臓血管系のパラメータは次のとおりである。太い動脈系での収縮期圧は120mmHg、弛緩期圧は80mmHgで平均血圧は93mmHgである（心拍周期中の収縮期と弛緩期の時間的割合は1対2であり、このことを考慮すると平均血圧は93mmHgとなる）。また、大静脈での圧力は5mmHgで、人間は約90mmHgの圧力差で血液を循環させている。1気圧が760mmHgであることを考えると、心臓は約$\frac{1}{8}$気圧で作動する効率の良いポンプとみなすことができる。よく知られているように、血圧は個人差、年齢差が大きい。

上の説明で、太い動脈系での圧力が収縮期と弛緩期であまり違わないことに疑問をもった読者がいたかもしれない。血液のスムーズな循環には収縮期と弛緩期の差が小さい必要があり、大動脈に近い太い血管は収縮期には膨らみ、弛緩期には血管の弾力を利用して圧力を加えて、圧力を平均化している。

血液量は70kgの成人男性で約5L（$5 \times 10^3 \mathrm{cm}^3$）、安静時に身体を循環する時間は50秒〜60秒、運動時には数十秒となる。心拍数は毎分60前後で個人差が大きい。

2. ヒトの部位による血圧の違い

簡単のため、心臓から動脈系には約100mmHgの圧力で血液が送り出されるとする。ヒトが図4.7の右の図のように、安静に横たわっている姿勢では頭部でも足の先でも、血圧はほぼ同じ値となる。しかし、ヒトは進化の過程で立って生活する動物となり、そのためのいくつかの仕組みを血管系に備えている。

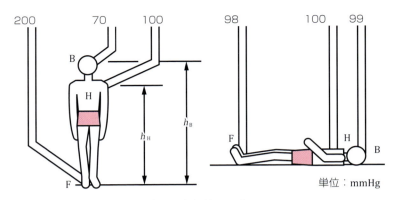

図 4.7　立った場合と寝た場合での各部位での血圧

　前節で説明したように、高さが違うと重力により液体の上と下では圧力が異なる。1m 高さが違うとその圧力差は $\rho gh = 1\times 10^3 \times 9.8 = 10^4$ Pa となり、これは 75mmHg に相当する。血液の密度は 1.06×10^3 kg/m^3 であるが、略して 1×10^3 kg/m^3、地球の重力加速度 9.8m/s^2 は 10m/s^2 として概算できる。図 4.7 の左の図において、心臓の地面からの高さを 1.3 m、頭部の高さを 1.7 m とすると頭部の圧力は心臓より 30mmHg 低く、脚部の圧力は 100mmHg 大きくなる。よって、頭部、心臓、脚で測定する血圧は、それぞれ 70mmHg、100mmHg、200mmHg となる。ただし、高さがどう変わろうが、各部位での器官内で動脈系と静脈系につながる血管床の両端にかかる圧力差は変わらない。

　立って行動する場合、大動脈の血圧は脳の最上部まで血液を送り込むのに十分高くなくてはならない。首の長いキリンではどうなっているか、重力加速度が地球よりずっと大きい惑星ではどうなるか、思考実験をすると面白い結果が得られる（キリンの血圧は 220mmHg 近くあるらしい）。また、「立ち眩み」は立ち上がったときに足の静脈の血液量が増え、心臓に血液を環流させる静脈内の圧力が低下して生じる。こうした不都合を防止するため、脚の静脈は血管周りの骨格筋の収縮により血液の滞留は制限されており、併せて、静脈の血管中には逆流防止弁があり血液の逆流を防いでいる。

　ヒトの頭部の静脈には血液の逆流を防ぐ機構は備わっていない。よって、長時間の逆立ちは脳に問題を引き起こす可能性がある。また、地面上をはって動く蛇も同じで、尾を上にしてぶら下げると短時間で失神する。

3. 血圧の測定

　当初、人間の血圧の測定は動物実験と同じく、図 4.5 の開管圧力計（Manometer）の先端を動脈や静脈に直接に差し込んで測るという苦痛を伴うものであった。現在はコロトコフ聴診法と呼ばれる図 4.8 の装置を使用する。空気袋は加圧帯ともいわれ、ポンプで加圧し動脈上に当てた聴診器で血液の流れを聞き取る。

　ポンプで十分に加圧し、空気袋でいったん血流を止めた後、開閉バルブを開き除圧していく。ドッドッという音が聞こえ始めたときの圧力が収縮期圧、連続音に変化してやがて聞こえなくなったときの圧力が弛緩期圧となる。血流を止める空気袋の高さは、必ず心臓の位置とすることが大切である。

　現在では、聴診器に代わる聴音機器を内蔵した自動計測の血圧計が普及している。

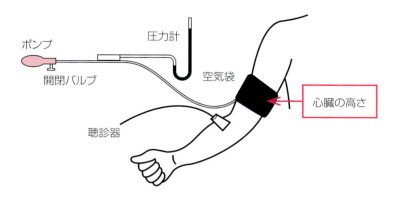

図 4.8 コロトコフ聴診法による血圧測定

4. ベルヌーイの定理

次節から血管を流れる血流を考察するが、その準備としてパイプを流れる粘性のない、または粘性を無視できる流体に関する最も基本的な法則であるベルヌーイの定理の説明を行う。

ベルヌーイの定理は次の条件下で用いることができる。

条件（1）流体は非圧縮性で密度はどの部分でも一定である。

図 4.9 のようなパイプの任意の 2 点場所 1 と 2 で

$$A_1 v_1 = A_2 v_2 \tag{4-2}$$

が成立する。A_1 と A_2 は 1 と 2 でのパイプの断面積、v_1 と v_2 は 1 と 2 での流体の速度を表す。これを連続の式という。

条件（2）液体は非圧縮性で摩擦の効果が認められない（非粘性）。

条件（3）液体は図のようにパイプの中を定常的に流れている。

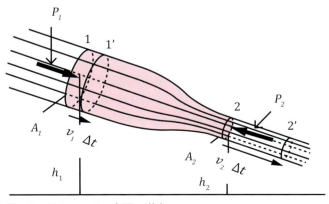

図 4.9 ベルヌーイの定理の導出

流体は時間 Δt の間に、場所 1 では圧力 P_1 によって $P_1 A_1 v_1 \Delta t$ だけ仕事をされ、場所 2 では圧力 P_2 によって $P_2 A_2 v_2 \Delta t$ だけ仕事をする。この仕事の差は Δt の間の流体の位置エネルギーと運動エネルギーの差に等しい。液体の密度を ρ とすると、

$$P_1 A_1 v_1 \Delta t - P_2 A_2 v_2 \Delta t = \frac{1}{2}(\rho A_2 v_2 \Delta t) v_2^2 + (\rho A_2 v_2 \Delta t) g h_2$$
$$-\frac{1}{2}(\rho A_1 v_1 \Delta t) v_1^2 - (\rho A_1 v_1 \Delta t) g h_1 \tag{4-3}$$

（4-2）式を用いて整理すると、

$$P_1 + \frac{1}{2}\rho v_1^2 + \rho g h_1 = P_2 + \frac{1}{2}\rho v_2^2 + \rho g h_2 \tag{4-4}$$

となり、場所 1 と場所 2 は任意の点であるから、パイプの任意の点で

$$P + \frac{1}{2}\rho v^2 + \rho g h = 一定 \tag{4-5}$$

という式が成り立つ。この式をベルヌーイの定理といい、パイプを流れる液体でのエネルギー保存則を表している。P を静圧、$\frac{1}{2}\rho v^2$ を動圧と呼ぶ。パイプの高さが同じであるとすれば、流速が速ければ速いほど、そこでの圧力は低くなる。粘性を持たない定常流の流体に対しては、このような量的な議論が容易にできるので、ベルヌーイの定理は多くの例に応用されている。

液体の流れを考えるとき、空間の各点で流体の速度が接線で表されるような仮想的な曲線を流線という。定常流であるので、流線は交わったり枝分かれすることはない。流線の集まりを流管といい、ベルヌーイの定理は流管にそのまま適用できる。

4.3 粘性流体の法則とパイプライン構造

静止している液体では、その粘性（粘り気）を考慮する必要はない。前節のベルヌーイの定理では、流体を、摩擦力を考慮しないとする完全流体として取り扱ったが、これから取り扱うような血液が血管中を流れるときには、常に血液の粘性力、つまり血液の摩擦力、粘りの効果を考慮する必要がある。この節以降では、血管での粘性力の効果を主な内容として取り扱うが、得られる結論は身近な水道管の配管の方法から大規模工場でのパイプラインの設計に至るまで、広範に共通して使えるものである。

1. 粘性の測定（粘性率）

図 4.10 のように 2 枚の板の間に粘りのある液体を入れ、一方の板を固定し、もう一方の板を速さ u で動かす。

例としては、べとつく油を入れたプールの中に板を浮かべ、板に紐をつけて引っ張ることを想像してほしい。板を動かすためには力が必要であり、その力は板の面積 S、速さ u に比例し、底の固定板と移動板との間隔 h に反比例する。比例係数を η（イータ）とすれば、

$F = \eta \dfrac{Su}{h}$ となり、ずれ応力を τ（タウ）とすれば、$\tau = \dfrac{F}{S} = \eta \dfrac{u}{h}$ となる。

つまり、2枚の板の間に重なった薄い液体の層を考えると、1つ1つの層は上の層からは右に引かれて加速され、下の層からは左に引かれて

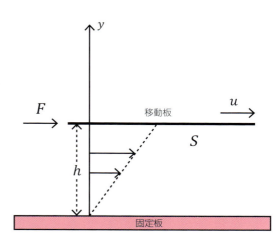

図4.10　粘性流体の流れ

ブレーキをかけられて運動していると考えることができる。$\dfrac{u}{h}$ を速度勾配といい、単位は $\dfrac{\frac{m}{s}}{m} = \dfrac{1}{s}$ となる。速度勾配のことをずり速度とも呼ぶ。

液体のずれ応力は速度勾配（ずり速度）に比例し、その比例係数 η を液体の粘性率という。粘性率の測定には、その値の大きさに応じて、多くの種類の測定法がある。粘性率の値が大きければ粘度が高く、引っ張るのに大きな力が必要となる。

粘性率 η の単位は、$\dfrac{kg \cdot \frac{m}{s^2}}{m^2} \cdot \dfrac{m}{\frac{m}{s}} = \dfrac{kg}{m \cdot s} = Pa \cdot s$（パスカル秒）となる。

水と空気、ヒトの全血液と血漿の粘性率を表4.2にまとめてある。

血液の粘性率は水の約6倍である。温度が高くなると液体の粘性は低くなる。気体ではあるが、空気の粘性率も参考として記載している。空気の粘性率は0℃で水の $\dfrac{1}{100}$ 程度である。

表4.2　水と血液の粘性率　単位：Pa·s（パスカル・秒）

温度（℃）	水	空気	全血液	血漿
0	1.79×10^{-3}	1.72×10^{-5}		
20	1.00×10^{-3}	1.82×10^{-5}	6.0×10^{-3}	1.8×10^{-3}
37	0.69×10^{-3}	1.89×10^{-5}	4.0×10^{-3}	1.2×10^{-3}
60	0.47×10^{-3}	2.00×10^{-5}		
100	0.28×10^{-3}	2.18×10^{-5}		

2. 生理学での粘性率の単位

日本では1992年の計量法の改正で、ほとんどの物理量の計測はSI単位系に移行した。粘性率の単位もPa·sに統一されたが、医学・歯科医学の分野には、これまで長年使用して来たCGS単位系のP（ポアズ）、またはその100分の1であるcP（センチポアズ）があり、臨床現場で便利であることから、その継続した使用が特別に認められている。これらの単位の換算に精通することは、間違いが許されない人命を扱う職業人として大事なことである。

P（ポアズ）は $\dfrac{g}{cm \cdot s}$ のことで、名前はフランスの物理学者で生理学者でもあるポアズイユに由来する。換算すると次に示すように、1Pa·s=10Pとなる。

$$1\text{Pa}\cdot\text{s} = 1\dfrac{\text{kg}}{\text{m}\cdot\text{s}} = \dfrac{10^3\text{g}}{10^2\text{cm}\cdot\text{s}} = 10\dfrac{\text{g}}{\text{cm}\cdot\text{s}}$$

ヒトの体温である37℃での血液の粘性率は 4.0×10^{-3} Pa·s = 4.0mPa·s（ミリパスカル秒）である。P（ポアズ）の $\dfrac{1}{100}$ であるcP（センチポアズ）を使うと、これは4.0cPとなり医療の現場では扱いやすい単位となっている。

また、単位P（ポアズ）とともに、圧力を血圧の単位であるmmHgを使ったmmHg·sも粘性率の単位として使用されている。1気圧が760mmHg=1.013×10^5Paであることから換算して、たとえば20℃の水の粘性率は 1×10^{-3}Pa·s=1cPであるが、7.5×10^{-6}mmHg·sとなる。

3. 層流とハーゲン・ポアズイユの法則

図4.10で、移動板に接触している流体は動く板と同じ速さをもち、そのすぐ下の層は下に続く層に引かれて少し遅くなり、続く層はさらに遅くなる。最後には固定板に接触している流体は静止している。このような層状の構造をもつ流れを層流といい、低速の粘性流体に特徴的な流れである。

流体の速度が大きくなると流れは乱流となる。乱流は層流に比べて流れるときに多大のエネルギーを消費し、同じ圧力で流しても流量は少なくなる。これから扱う血管での血液の正常な流れは、

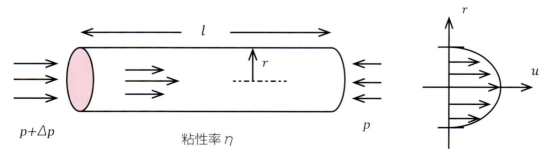

図4.11　ハーゲン・ポアズイユの法則　　　　　　　　　　　　図4.12　速度の分布（放物線）

層流として扱うことができる（血液が心臓から大動脈に出るときにわずかに乱流が発生する）。

図 4.11 のように長さ l、管の内半径 a のパイプに粘性率 η の液体を流す。

図 4.12 のように流体は円環状の層流で、速度の分布はパイプの両端で液体にかかる圧力差を Δp とすると、

$$u = \frac{\Delta p}{4l\eta}(a^2 - r^2) \tag{4-6}$$

なる放物線を描く。速さ u はパイプの中心線からの距離 r での流速を表している。t 秒間にパイプを流れる流量を V とすると、

$$V = \int_0^a ut \cdot 2\pi r dr = \frac{2\pi \Delta p t}{4\eta l}\int_0^a (a^2 - r^2)r dr = \frac{\pi a^4 \Delta p}{8\eta l}$$

が得られる。

これをハーゲン・ポアズイユの法則という。この法則は 1839 年にドイツのハーゲン（土木工学者）が、1840 年にフランスのポアズイユ（医学者、物理学者）が、それぞれ独自に実験的に見出したものであるが、その後、液体の粘性（摩擦力）を考慮した理論により確認された。

1 秒あたりの流量を Q とすると、この法則は

$$Q = \frac{\pi a^4 \Delta p}{8\eta l} \tag{4-7}$$

となる。

液体がパイプを流れるときの抵抗を流動抵抗といい、$R = \dfrac{\Delta p}{Q}$ で定義される。

流体が層流のときは (4-7) 式より、

$$R = \frac{8\eta l}{\pi a^4} \tag{4-8}$$

となる。

流動抵抗は粘性率とパイプの長さに比例し、内径の 4 乗に逆比例する。単位は国際単位系（SI）で $\dfrac{\text{Pa}\cdot\text{s}}{\text{m}^3}$ である。

たとえば、同じ長さで同じ圧力差がかかっている 2 本の血管があって、一方の血管の内径が他方の血管の内径の 2 倍であるとすれば、流動抵抗は $\dfrac{1}{16}$ で流量は 16 倍に、逆に半径が半分になると流動抵抗は 16 倍で流量は $\dfrac{1}{16}$ になる。このように、流動抵抗が管の内径の 4 乗に逆比例し、その結果、流量が内径の 4 乗に比例するという現象は、動物の血液循環系ではきわめて効果的に使われており、詳しく述べることにする。

内径 a の管と内径がその 2 倍である $2a$ の管を比較する。図 4.13 の横軸は流速を表している。

図中に示したように流量を管の断面積で割った値を平均流速とすると、内径 $2a$ の管の平均流速は内径 a の管の 4 倍となることがわかる。

図からわかるように、パイプの内径が大きくなると、その速度勾配は同じであることから、式 (4-6) で明らかなように、内径 $2a$ の管の内部の速度分布を表す放物線の式は、内径 a の管の速度分布を表す放物線の式と同じであり、平均流速は管の内径の 2 乗に比例して大きくなることがわかる。管の断面積は内径の 2 乗に比例することから、全流量は内径の 4 乗に比例して増加する。

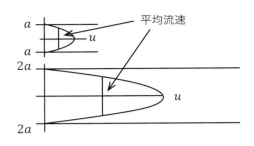

図 4.13 半径の異なる円筒での層流の速度分布

4. 流動抵抗の取り扱いとオームの法則

$R = \dfrac{\Delta p}{Q}$ で定義される流動抵抗をよく見ると、この式は電気の分野でよく知られているオームの法則 $R = \dfrac{V}{I}$ と全く同じ内容を持っていることに気づく。電流 I はパイプを流れる液体の流量 Q に対応し、電圧 V はパイプの両端の圧力差 Δp に対応している（歴史的には、オームの法則は流体に関する学問を踏襲する形で、1826 年ゲオルク・オームにより公表された）。

オームの法則での単位は、I は A（アンペア）で 1 秒あたりの電荷の流れを表し、V は V（ボルト）で電圧（電位差）を、R は Ω（オーム）で表すが、これに対して流動抵抗の場合は、Q は 1 秒あたりの流量 $\dfrac{m^3}{s}$、Δp は Pa、R は $\dfrac{Pa \cdot s}{m^3}$ で表される。医療の分野では使いやすいように、Q は $\dfrac{cm^3}{s}$、Δp は mmHg、R は $\dfrac{mmHg \cdot s}{cm^3}$ で表されることも多い。

（1）直列に接続した血管の合成流動抵抗

図 4.14 のように、R_1、R_2、…、R_N はそれぞれの流動抵抗をもつ血管からなり、直列に連なった一連の血管群を示すものとする。

それぞれの血管にかかる圧力差は、R_1Q、R_2Q、…、R_NQ であるので、全体の圧力差は、$\Delta p = (R_1 + R_2 +$

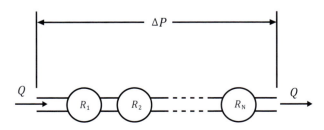

図 4.14 直列に接続した場合の合成流動抵抗

$\cdots+R_N) Q$ となり、この場合の合成抵抗 R_S は

$$R_S = R_1+R_2+\cdots+R_N \tag{4-9}$$

で表される。

よく知られた直列つなぎをした電気抵抗の合成抵抗を求める式と同じである。

(2) 並列に接続した血管の合成流動抵抗

図4.15のように、R_1、R_2、$\cdots$、R_N は1つ1つがそれぞれの流動抵抗をもつ血管からなり、並列に接続された血管群を示すものとする。

R_1、R_2、$\cdots$、R_N を流れる流量をそれぞれ Q_1、Q_2、$\cdots$、Q_N とすれば、

$$Q_1=\frac{\Delta p}{R_1}、Q_2=\frac{\Delta p}{R_2}、\cdots、Q_N=\frac{\Delta p}{R_N} となり、$$

$$Q=Q_1+Q_2+\cdots+Q_N=\left(\frac{1}{R_1}+\frac{1}{R_2}+\cdots+\frac{1}{R_N}\right)\Delta p$$

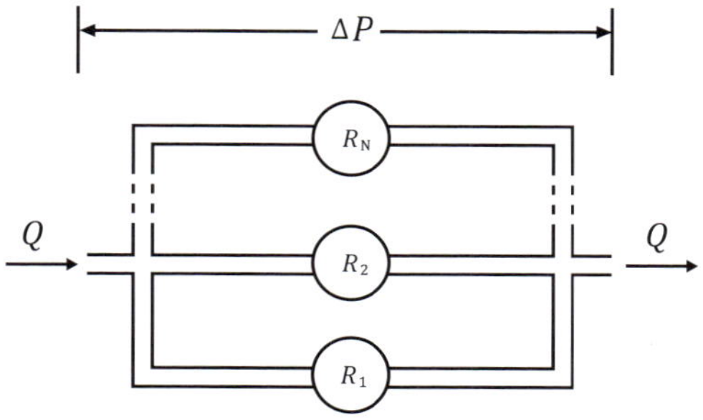

図4.15 並列に接続した血管の合成流動抵抗

となる。よって、この場合の合成抵抗 R_P は、

$$\frac{1}{R_P}=\frac{1}{R_1}+\frac{1}{R_2}+\cdots+\frac{1}{R_N} \tag{4-10}$$

となり、これもよく知られた電気抵抗の並列つなぎの合成抵抗を求める式と同じである。

問題

1本の流動抵抗の大きさが $1000\dfrac{\mathrm{mmHg\cdot s}}{\mathrm{cm}^3}$ の血管を1000本並列に接続したときの、全体としての流動抵抗について、正しいものはどれか。

(a) $10^6\dfrac{\mathrm{mmHg\cdot s}}{\mathrm{cm}^3}$ 、(b) $10^3\dfrac{\mathrm{mmHg\cdot s}}{\mathrm{cm}^3}$ 、(c) $10\dfrac{\mathrm{mmHg\cdot s}}{\mathrm{cm}^3}$

(d) $1\dfrac{\mathrm{mmHg\cdot s}}{\mathrm{cm}^3}$ 、(e) $10^{-6}\dfrac{\mathrm{mmHg\cdot s}}{\mathrm{cm}^3}$

答 d

問題

次の図の流れにおいて、

$Q_1=5\dfrac{\mathrm{cm}^3}{\mathrm{s}}$ 、 $R_1=1\dfrac{\mathrm{mmHg\cdot s}}{\mathrm{cm}^3}$ 、 $R_2=4\dfrac{\mathrm{mmHg\cdot s}}{\mathrm{cm}^3}$ 、 $R_3=\dfrac{4}{3}\dfrac{\mathrm{mmHg\cdot s}}{\mathrm{cm}^3}$ とする。

全体の圧力降下 Δp と Q_2、Q_3 の値を求めよ。

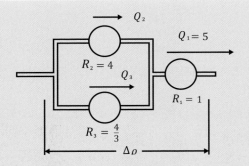

解答

このままで解いても平易な問題であるが、参考のために電気回路に置き換えてみる。

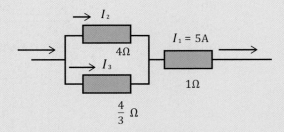

左側の並列つなぎの抵抗の合成抵抗値は、$\dfrac{1}{\frac{1}{4}+\frac{3}{4}}=1\Omega$ となり、回路全体の抵抗は 2Ω である。全体を流れる電流は $5A$ であるので、回路の両端にかかる電圧は $10V$、また左側の並列つなぎの抵抗にかかる電圧は $5V$ であるので、$I_2=\dfrac{5}{4}A$、$I_3=\dfrac{15}{4}A$ が得られる。流動抵抗の問題であるので、答は単位のみを変更すればよい。

答　全体の圧力降下 $10\mathrm{mmHg}$、$Q_2=\dfrac{5}{4}\,\mathrm{cm^3/s}$、$Q_3=\dfrac{15}{4}\,\mathrm{cm^3/s}$

4.4　ヒトの血液循環系

1. 血管床の流動抵抗

図 4.16 はヒトの血液循環系の模式図を表している[11]。

ヒトの血液循環系は 2 つの循環系からなる。1 つは肺循環系（右心系）と呼ばれ、大静脈から来た酸素の欠乏した血液が、心臓の右心房から右心室、肺動脈を経て肺に送られ、酸素を供給されて肺静脈を経て心臓の左心房に到達する系である。

肺動脈での血圧は平均で約 15mmHg、肺静脈での血圧は 5mmHg 以下とされている。

もう一方の循環系は体循環系（左心系）と呼ばれ、心臓はこの系により左心房で受け取った酸素

を多く含む血液を左心室から全身に送り出す。血液は大動脈を通り各器官に到達し、各器官の血管床と呼ばれる小動脈や毛細血管、小静脈からなる血管組織を経て大静脈に集まり、心臓の右心房に到達する。この体血液循環系を扱ううえで、これから記憶すべき典型的成人の心臓血管系のパラメータは次のとおりである。温度は通常の体温である37℃とする。

（1）体循環系の太い動脈系での収縮期圧は120mmHg、弛緩期圧は80mmHgで平均血圧は、弛緩期の時間が収縮期の時間の2倍であることを考慮すると93mmHgとなる。静脈での圧力は5mmHgであり、約90mmHgの圧力差で血液を循環させている。

（2）血液量は70kgの成人男性で約5L（5×10^{-3} m^3）で、安静時に身体を1回循環する時間は50秒〜60秒であり心拍数は毎分60前後である。

（3）血液の密度は1.06×10^3 kg/m^3であるが、概算では1×10^3 kg/m^3として差支えない。全血液の粘性係数は、その組成や血管の内径

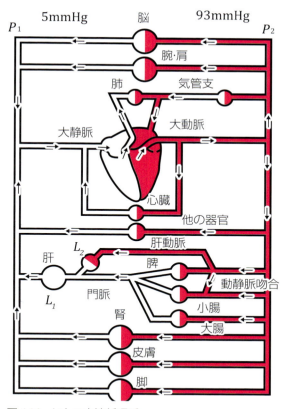

図4.16 ヒトの血液循環系
（上段のP_2は体循環系の動脈系の圧力、P_1は静脈系の圧力を表している）

の違いにより変化し、一定ではないが、ここでは全体の血液循環の定性的な理解のため、すべて4×10^{-3} Pa・s = 4mPa・s（ミリパスカル秒）= 4cP（センチポアズ）として計算を行う。

表4.3は文献11のデータから引用した横になって休息している成人の各血管床での血流量Q（cm^3/s）および流動抵抗R（mmHg・s/cm^3）の値を示している。合わせて血流量と流動抵抗から$\Delta P = Q \cdot R$で計算した各器官の血管床の両端にかかる圧力差ΔPが右欄に青字で書き込んである（単位：mmHg）。

図4.16と見比べてみると、肺循環系と体循環系は直列につながっており、右心室から駆出される血液の量は左心室からの拍出量に等しく、この例では97cm^3/sとなっている。体循環系では、脳、腕と肩、気管支、心臓、他の器官、腎、皮膚、脚の各血管床は並列に配置されており、このため、各器官にかかる圧力は等しく、各血流量は各血管床の流動抵抗に依存する。大動脈から供給される約90mmHgの圧力差をもつ血液は各器官に供給され、各器官は必要な血液の流量を確保するための適切な流動抵抗を持っている。

表4.3 横になって休んでいる成人の各血管床での血流量および流動抵抗[11]（データより計算した各血管床に必要な圧力差を右欄に赤字で添付した。）

血管床	血流量 Q	流動抵抗 R	$\Delta P = Q \cdot R$
脳	12.5	7.0	87.5
腕と肩	6.8	12.9	87.7
肺	97.0	0.07	6.8
気管支	1.0	88.0	88.0
心臓	4.2	21.0	88.2
他の器官	10.0	8.8	88.0
肝、L_1	25.0	0.3	7.5
肝、L_2	5.0	16.2	81.0
脾	8.3	9.8	81.3
小腸	8.8	9.2	81.0
大腸	2.9	27.9	80.9
腎	18.3	4.8	87.8
皮膚	5.5	16.0	88.0
脚	13.7	6.4	87.7

　腎の血管床に注目してほしい。全血流量の20％にあたる18.3cm^3/sの流量を確保するためにその流動抵抗は小さくなっている。腎臓で全血液からの老廃物や水分の除去を効率的に行うためである。また、肝（L_1）と肝（L_2）は直列つなぎになっており、それぞれにかかる圧力差の和は約90mmHgである。脾と肝（L_1）、小腸と肝（L_1）大腸と肝（L_1）も同じ直列つなぎになっている。肺を除く各器官に流れる血液の流量の和は肺循環系と同じ97cm^3/sである。

　肺循環系の圧力差はここでは約7mmHgである。

　図4.16に動静脈吻合と示された部分がある。これは各器官間の血管を結ぶバイパス回路で、小腸や大腸のみならず皮膚などの多くの器官に存在する。消化時に消化器官へ血流の増加が必要なとき、皮膚の温度調節が必要なとき、生命の緊急時に循環器全体での対応が必要なときに開閉が行われる。この開閉は血管壁の平滑筋線維により血管の内径を調整することによって行われる。

　高い圧力がかかっている動脈の損傷は、多大の失血を招き、生命の危機を招く。身体全体は多くの血管床を締め付けることでこの危機に反応し、緊急避難的に心臓や脳の機能の維持を図る。この結果、多くの組織で機能不全が生じて全身の状態を悪化させる。このように血液が全身に行き渡らなくなっている状態をショック症状という。大きな動脈は身体の中心部にあることにより外部からの損傷を防止しているが、大けがのときに敏速に動脈を止血することや、治療時に動脈を傷つけないよう保護することの重要性はよく認識しておく必要がある。

2. 血液の粘性係数

全血液の粘性係数の大きさは、その組成や血管の内径の違いにより一定ではないが、この章では血流全体の定性的な理解のため、すべて $4×10^{-3}$ Pa·s ＝ 4mPa·s（ミリパスカル秒）＝ 4cP（センチポアズ）として計算を行っている。しかし、血液の組成や血管の内径による粘性係数の大きさの違いを知っておくことは、今後、ヒトの血流循環システムの細部を学んでいくうえで重要であり、次の3点について概説する。

全血液の粘性係数の大きさは、含まれる赤血球の濃度（体積比を％で表した値をヘマトクリットという）によって大きく変化する。ヘマトクリットの正常値は39％〜51％とされており、その場合、粘性係数は3.5cP〜4.0cPである。通常、成人男性に比べて成人女性のヘマトクリットは小さく、粘性係数も小さい。ヘマトクリットが高くなると、赤血球同士の相互作用により粘性係数は増大する。血液中の血漿による粘性係数は1.2cPで、一定で変化は少ない。また、白血球はその数が正常であれば血液の粘度にはほとんど影響しない。

また、粘性係数の大きさは血管を流れる血液の速度勾配（ずり速度）にもよる。流速が速く速度勾配が大きい動脈や小動脈では、正常な血液の粘性係数は3.5cP〜4.0cPであるが、血管の内径が大きい大動脈や大静脈では流速が遅くて速度勾配が小さいため、見かけの粘性係数が増大する。赤血球が集合体を形成するのが原因とされている。

さらに、直径が0.3mmより小さい毛細血管での血液の流れでは、見かけの粘性係数が血管径の減少に伴い小さくなるという現象が生じる。Fahraeus-Lindqvist 効果、またはシグマ効果と呼ばれ、赤血球の大きさが血管径に比べて無視できないような細い管では、赤血球が変形し（パラシュート型変形）、管壁近傍に潤滑層ができるためとされているが詳細はわかっていない。この効果は、細い血管における流動抵抗を少なくし、低い動脈圧で血液循環を可能にしているという意味で重要である。

これからは、血液の粘性係数の値は、すべて $4×10^{-3}$ Pa·s ＝ 4mPa·s ＝ 4cP、または圧力の単位を mmHg に換算した $3.0×10^{-5}$ mmHg·s として計算を行う。

3. 血管床での流動抵抗

それでは、図4.16のそれぞれの器官での血管床はどのような仕組みで、適切な流動抵抗を生み出し、必要な血流量を確保しているのであろうか。各血管床は、表4.4にあるように、1本の動脈から順次分岐していく1次〜3次の小動脈、細動脈、末端の毛細血管、最静脈、分岐した小静脈、1本の静脈から構成される。全体の説明の前に、まず、次の問題を解いてみよう。

問題

大人の大動脈（半径1.3cm、長さ40cm）、流れる血流量を100cm³/sとする。この大動脈での流動抵抗と圧力降下はどれほどか。

解答

血液の粘性率は 3.0×10^{-5} mmHg・s（$= 4 \times 10^{-3}$ Pa・s）を使用する。

$$R = \frac{8\eta l}{\pi r^4} = \frac{8 \times 3.0 \times 10^{-5} \times 40}{3.14 \times 1.3^4} = 1.07 \times 10^{-3} \text{ mmHg·s/cm}^3$$

圧力降下 Δp は、$\Delta p = 1.07 \times 10^{-3} \times 100$ mmHg $= 0.107$ mmHg で全体の圧力降下 90mmHg に比べると非常に小さいことがわかる。つまり、半径の大きい大動脈での圧力降下は、ほとんどが無視できるほど小さい。

大人の大静脈は半径が 1.5cm で長さが 40cm である。同じように流動抵抗を計算すると、$R = 6.04 \times 10^{-4}$ mmHg・s/cm^3、圧力降下 Δp は、$\Delta p = 6.04 \times 10^{-4} \times 100$ mmHg $= 0.060$ mmHg で、これも全体の圧力降下 90mmHg に比べると無視できるほど小さい。すなわち、半径の大きい大動脈や大静脈での圧力降下は極端に小さいことがわかる。

それでは、大動脈から分岐した各血管床での血流の調整については、どう考えるのが適当であろうか。実際のモデルで考える前に、血管分岐の等価原理ともいうべき定理を説明する。

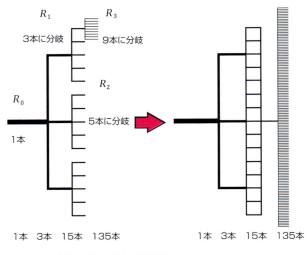

図 4.17　血管分岐の等価原理図

図 4.17 の左右の図は、血管分岐の等価原理を表している。

左の図のように、ある血管床において 1 本の大きな動脈が第 1 段階で 3 本の動脈に分岐し、さらに第 2 段階でそれぞれの動脈が 5 本の小さい動脈へ、さらに第 3 段階で各 9 本に分岐していくとする。それぞれの分岐が完全に同じ対称形であることより、まず第 1 段階で 3 本に分岐した動脈の右端の圧力は同じであり、これを大きな血管で結んでも血液は流れない。つまり右の図の第 1 段階と同じとなる。同様に第 2 段階の 15 本、第 3 段階の 135 本の血液の流れが、右の図のそれと同じであることは直感的に理解することができる（数学的な証明は、高校で学習した数学的帰納法を使って行う）。

上の図では、第 1 段階全体の流動抵抗は 3 本の血管の並列つなぎ、第 2 段階は 15 本の小血管

の並列つなぎ、第 3 段階は 135 本のさらに小血管の並列つなぎで与えられ、全体の流動抵抗はこれらを直列つなぎしたものである。始めの 1 本の大きな動脈の流動抵抗を R_0、第 1 段階の血管 1 本の流動抵抗 R_1、第 2 段階の血管 1 本の流動抵抗を R_2、第 3 段階の血管 1 本の流動抵抗を R_3 とすると、全体の流動抵抗 R は、

$$R = R_0 + \frac{R_1}{3} + \frac{R_2}{15} + \frac{R_3}{135} + \cdots となる。$$

一般的に第 1 段階の分岐の数を n_1、第 2 段階の数を n_2、…、第 N 段階の分岐の数を n_N とすると、

$$R = R_0 + \frac{R_1}{n_1} + \frac{R_2}{n_2} + \frac{R_3}{n_3} + \cdots + \frac{R_N}{n_N} \qquad となる。 \tag{4-11}$$

4. 仔犬の腸間膜血管床での構造例

その構造が詳しく調べられている仔犬の腸間膜血管床[11]について計算を行う。この血管床は、1 本の腸間膜動脈から始まり、15 本の 1 次の枝に分岐し、さらに 2 次・3 次の枝から小動脈、細動脈を得て 5,000 万本近い毛細血管に達する。毛細血管を通った血流は同様な静脈系を通って最後は 1 本の腸間膜静脈に帰っていく。表には各種類の血管の数と内径、長さが与えられている。

表 4.4 仔犬の腸間膜血管床 (腸) での構造と計算例
(文献 11 より各血管床の分岐数、内径、長さのデータを引用。流動抵抗と相対的な流速は、それらのデータより計算を行った結果である。)

構造	数 N	内径 R (cm)	長さ l (cm)	等価流動抵抗	相対流速
腸間膜動脈	1	0.15	6.0	0.91	1.00
1 次の枝	15	0.05	4.5	3.67	0.60
2 次の枝	45	0.03	3.91	8.19	0.556
3 次の枝	1,900	0.007	1.42	23.78	0.242
末端動脈	26,600	0.0025	0.11	8.09	0.135
末端枝	328,500	0.0015	0.15	6.89	0.030
細動脈	1,050,000	0.0010	0.20	14.55	0.021
毛細血管	47,300,000	0.0004	0.10	6.31	0.003
細静脈	2,100,000	0.0015	0.10	0.72	0.005
末端枝	160,000	0.0037	0.24	0.61	0.010
末端静脈	18,000	0.0065	0.15	0.36	0.030
3 次の静脈	1,900	0.014	1.42	1.49	0.06
2 次の静脈	60	0.08	4.19	0.13	0.059
腸間膜静脈	1	0.3	6.0	0.06	0.25

等価流動抵抗は各血管の流動抵抗、$R = \dfrac{8\eta l}{\pi r^4}$ を数 N で割った値で、単位は mmHg·s/cm^3 である。血液の粘性係数は、ヒトと同じと仮定して 3.0×10^{-5} mmHg·s を使用している。

たとえば等価流動抵抗が一番大きい3次の枝については、

$$\frac{R}{N} = \frac{8\eta l}{\pi r^4 N} = \frac{8\times 3.0\times 10^{-5}\times 1.42}{3.14\times 0.007^4\times 1900} = 23.78 \text{ mmHg·s/cm}^3$$

同様に感覚的には一番細い血管であり1本1本の流動抵抗はその4乗に逆比例して極端に大きいと想像される毛細血管については、その並列並びの本数が極端に多いことから、

$$\frac{R}{N} = \frac{8\eta l}{\pi r^4 N} = \frac{8\times 3.0\times 10^{-5}\times 0.10}{3.14\times 0.0004^4\times 47{,}300{,}000} = 6.31 \text{ mmHg·s/cm}^3$$

腸間膜血管床全体の等価流動抵抗はこれらが直列つなぎになっていると考え、75.76 mmHg·s/cm^3 を得る。

上の表から各組織の血管床について重要な結論が得られる。

動脈部分の流動抵抗は全抵抗の87％を占めており、大部分の圧力降下が動脈部分で生じている。毛細血管での流動抵抗は8％、静脈系では合わせても4％でしかない。また、動脈系の流動抵抗のなかでも、3次の枝を中心とする小動脈の流動抵抗が中心を占めている。小動脈の血管壁では、中膜に筋線維である平滑筋細胞が発達しており、この筋線維が収縮することにより血管の内径を収縮させて、流動抵抗、しいてはこの血管床全体の血流量の調整を行っている。流動抵抗はハーゲン・ポアズイユ（Hagen-Poiseuille）の法則により血管の内径の4乗に反比例する。この法則は全体の血流量の調整に非常に効果的な手段となっている。

血管を流れる流速は血管の内径2乗 r^2 と分岐の数 N に逆比例する。腸間膜動脈での流速を1とした相対流速を表4.4の最後の列に示してある。腸間膜動脈での血流の流速に比べて、毛細血管では0.3％程度で非常に遅く、このようにして酸素や栄養の交換に必要な時間を確保していると考えられる。

4.5　肺胞とラプラスの法則

1. ラプラス（Laplace）の法則

まず、肺胞の機能に関連する基本法則であるラプラスの法則を説明する。図4.18のように、内圧が P で半径 R の球状液体に外から圧力 P_0 をかける。球を上下二分して上半球に働く力の総和を計算するには、図4.19にあるように球表面の微小な面 S にかかる力 $P_0 S$ の垂直成分 $P_0 S\cos\theta = P_0 S_0$ を上半球の球表面全体にわたって加えればよい。ここで、S_0 は球表面 S を球の中心面へ投影した面積である。球の半径を R とすれば、この総和は $\pi R^2 P_0$ となる。液体の内圧を P とすれば、上半球に働く力は上向きに $\pi R^2 (P-P_0)$ となる。

球状液体の表面に働く張力（表面張力）の強さを T とすると、下半球が上半球を引く強さは $2\pi RT$ となり、$\Delta P = P-P_0$ とおけば、$\pi R^2 \Delta P = 2\pi RT$ より、

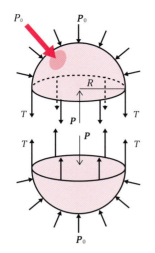
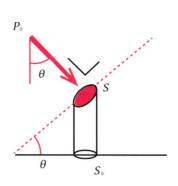

図 4.18 球状膜に働く圧力と膜の張力

図 4.19 膜の部分に働く圧力

$$\Delta P = \frac{2T}{R} \tag{4-12}$$

が導かれる。

式（4-12）を導くのに使った球状液体のモデルは、水滴のみならず、シャボン玉や風船にもほぼそのまま適応させることができる。シャボン玉では T は表の面と裏の面を形成している石鹸水の膜の表面張力であり、力のかかる面が表と裏の 2 面あることから、

式（4-12）式は

$$\Delta P = \frac{4T}{R} \tag{4-13}$$

となる。

シャボン玉の場合は表面張力 T は液体の表面分子の凝縮力によるものであり、膜厚 R には依存しないのに対して、（4-12）式を風船に適用するときには、張力 T はゴムの弾性薄膜によるものであり、その強さは風船の半径 R に依存する。

2. シャボン玉と肺胞

式（4-12）、式（4-13）から T が R に依存しないならば、半径の大きい球の圧力差と半径の小さい球の圧力差を比べると、大きい球が少ない圧力差で球を維持できることがわかる。つまり、小さい球の圧力差は大きい球の圧力差より大きい。

例題

図 4.20 のように、細い管の中央のコックを閉じて、管の左右にそれぞれ r_1 と r_2 のシャボン玉 1 と 2 をつけたとする。コックを開くと何が起こるか説明せよ。

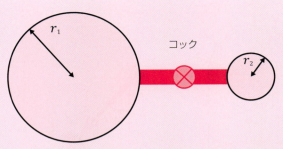

図 4.20　径の異なるシャボン玉の連結

解答

$r_1 > r_2$ であるので、ラプラスの法則による式（4-13）により大きいシャボン玉1の内部圧は小さいシャボン玉2の内部圧より小さい。よって、コックを開くと2はつぶれ、1はさらに大きくなり、最後には小さいシャボン玉は大きいシャボン玉に吸収される。

　肺の内部には、約 0.2mm の丸い風船が膨らんだような形をした肺胞と呼ばれる無数の空洞があり、肺全体では数億個もある。図 4.21 のように、肺胞の空洞は毛細血管に囲まれていて、ここで血液内の炭酸ガスを排出して、酸素を吸収する。この空洞はすべて気管支につながっていて、呼吸によって肺が膨らんだりしぼんだりするとき、肺胞にも空気が出入りして膨らんだりしぼんだりする。隣同士の肺胞は肺胞孔という穴でつながっている。

　肺胞では、内面を覆っている分泌液による表面張力が支配的であり、外側の表面張力は小さいので、式（4-12）が成立する。肺胞にはさまざまの大きさがあるので、例題にあるような、大きさが異なり連結している2つのシャボン玉と同様な現象が肺胞にも起こると考えられ、このことより、小さい肺胞は次々に潰れて大きな肺胞に吸収されていくという破滅的な結果が予想される。

　これを防ぐため、健全な肺胞には内部の分泌液による表面張力を肺胞の大きさに応じて調節し、相互につながっている肺胞が安定して共存できる仕組みを備えている。ヒトの肺胞表面には、DPPC と呼ばれる特殊な脂質を含む表面活性物質が存在し、それは半径 R の減少とともに表面張力 T を低下させる機能をもつ。

　肺気腫という肺の病気がある。発症の仕組みは解明されてはいないが、喫煙が大きな要因であるとされている。肺気腫では一部の肺胞が肥大化し、ラプラスの法則により、小さな肺胞が

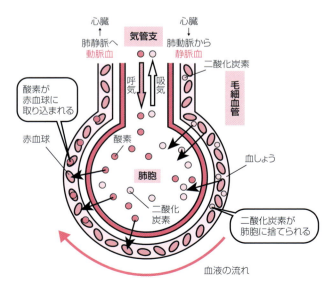

図 4.21　肺胞

次々に大きな肺胞に吸収される。最後にはこの肺胞はCTで観測されるほどに肥大化し、肺には直径が数mmを超える嚢胞と呼ばれる空洞が多数形成される。いったんできた嚢胞は自分自身で小さくなることはない。嚢胞の増加により、全体として肺胞の表面積が減少して呼吸の効率が極端に悪化、息切れなどの症状を引き起こすことになる。

式（4-12）から導かれる重要な臨床例の1つに、心臓外科手術の分野のバチスタ手術がある。この手術は拡張型心筋症という重い心臓疾患に対する唯一の手術法で、拡張して心室半径が大きくなった左心室の側壁心筋の一部を切除し、左心室の半径を $\frac{3}{4}$ 程度に縮小させる。式（4-12）より、半径 R が小さくなることで、心筋の張力 T は同じでも左心室から送り出す血液の圧力が増加し、血流量を増やすことができるようになる。

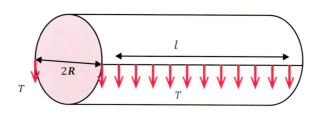

図4.22　血管壁に働く圧力と張力

3. 動脈瘤

図4.22のように水平に置いた無限に長い円筒形のチューブの長さ l の部分を切り取って考える。チューブの中心軸を通る水平面で上下に分割し、その分割面に働く力を考えると、式（4-12）と同じようにして、式（4-14）を得ることができる。

$$\Delta P = \frac{T}{R} \tag{4-14}$$

血管内壁が受ける圧力は外の圧力に比べて ΔP だけ大きい。血圧が高くなり、いわゆる高血圧の状態が持続すると、動脈の一部には動脈瘤ができて動脈壁が風船状に膨らむ。大動脈の一部の直径が健常な場合の1.5倍以上になった場合、または、3cm以上に拡大した場合を大動脈瘤と呼ぶ。大動脈瘤の90%は動脈壁の硬化に起因する。生体の動脈壁には常に内側から外側へと血圧が作用しており、動脈壁の一部が一度拡張し始めると自然に縮小することは決してなく、式（4-14）にあるように、大動脈壁にかかる張力は直径に比例して増大するので、大動脈瘤の大きさが増すほどその拡張するスピードは早くなる。また、瘤径の増加に反比例して動脈壁厚は薄くなり、最終的には内からの血圧に抗しきれず破裂して生命の危機を生じる結果となる。

4.（付録）ゴム風船

前々節で考察したシャボン玉の代わりに、同じような大きさの異なる2つのゴム風船をつけ、中央のコックを開くとどのような現象が起こるだろうか。計算が少し複雑であるので付録とするが、次のような結果となる。

風船の場合、張力 T はゴムの弾性薄膜によるものであり、その大きさは半径 R に依存する。空気を入れないときの風船の半径を r_0、空気を入れたときの半径を r とし、風船の表面は完全に等方的であるとして、表面に図 4.23 のような小さな面を切り出して考察する。

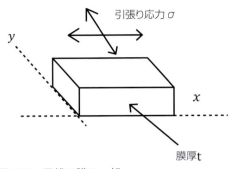

図 4.23　風船の膜の一部

x 方向の歪を ε とすると $\varepsilon = \left(\dfrac{\sigma}{E}\right) + \left(-\dfrac{\nu}{E}\sigma\right)$

面上の任意の方向に関して、ゴムの伸び Δl は $\Delta l = 2\pi(r - r_0)$ であるので、歪 ε は、

$$\varepsilon = \frac{\Delta l}{l_0} = \frac{r - r_0}{r_0} \tag{4-15}$$

となる。

l_0 は風船の元の円周の長さを示している。ゴムのヤング率を E、ポアソン比を ν とすると、x 方向の歪は、x 方向からの引張り応力による歪 $\dfrac{\sigma}{E}$ と y 方向からの引張り応力による歪 $-\dfrac{\nu}{E}$ の和となり、

$$\varepsilon = \frac{\sigma}{E}(1 - \nu) \tag{4-16}$$

を得る。

(4-15)、(4-16) より、

$$\sigma = \frac{E}{1-\nu} \cdot \frac{r - r_0}{r_0} \tag{4-17}$$

が成立する。風船が膨らんで半径が増えると、ゴムの薄膜の厚さは薄くなる。このとき、ゴムの体積は一定であるとする。空気を入れないときの膜厚を t_0 とすれば、薄くなった薄膜の厚さ t は、

$4\pi r^2 t = 4\pi r_0^2 t_0$ より、

$$t = \frac{r_0^2}{r^2} t_0 \tag{4-18}$$

となる。

引張り応力を σ、薄膜の厚さを t とすれば、ゴムの薄膜の表面張力は積 σt で表され、式（4-12）

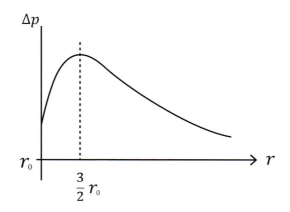

図 4.24　風船の内圧と外圧の差 Δp と半径 r との関係

より $\Delta P = \dfrac{2\sigma t}{r}$ が得られる。式（4-17）、（4-18）を代入して整理すると次の式が成立する。

$$\Delta P = \frac{2E r_0 t_0}{1-\nu} \cdot \frac{r-r_0}{r^3} \tag{4-19}$$

図 4.24 には ΔP と r の関係を示している。外圧は一定であるので、縦軸は内圧を示していると考えてよい。風船が膨らみ始めるとともに内圧は急激に増加し、半径が初めの半径の $\dfrac{3}{2}$ 倍でピークに達するが、半径が $\dfrac{3}{2} r_0$ を超えると逆に内圧は緩やかに下がり始めることがわかる。実際に風船を膨らませるとき、最初に必要な息の強さがこの圧力の変化を裏付けている。

大きさの違う 2 つの風船をつないだときには、2 つの結果が予想される。1 つはシャボン玉のときと同じく、大きい風船はますます大きく、小さい風船は小さくなっていくという結果で、もう 1 つは大きい風船は小さくなり小さい風船は大きくなって、最後は 2 つの風船とも大きさが同じになって平衡に達する場合である。図 4.24 より、$r = \dfrac{3}{2} r_0$ を境にして 2 つの風船の最初の大きさがともにどちら側にあるかによってどちらの結果をも作り出すことができる。

練習問題

1. 人間の心臓は約 100mmHg の圧力で大動脈に血液を送り出している。この圧力を次の単位で計算せよ。

（　　　　）Pa ＝（　　　）hPa

（　　　　）kg 重 /cm²

水銀の密度は 1.36×10^4 kg/m³、地球の重力加速度は 10m/s² とする。

2. 水深 20m の海に潜った。海底での圧力は何気圧になるか計算せよ。

海水の密度は 1.0×10^3 kg/m³、地球の重力加速度は 10m/s² とする。

3. 血液が血管を通るときの流動抵抗を考える。液体の流動抵抗は血管の両端にかかる圧力差を流量で割って求めることができる。血流が層流でハーゲン・ポアズイユの法則に従うとすれば、流動抵抗について誤っているものどれか、次の中から選べ。

a　粘性係数が大きいほど流動抵抗は大きい。
b　半径が半分になると流動抵抗は 4 倍になる。
c　半径が 2 倍になると流動抵抗は $\frac{1}{16}$ になる。
d　長さが半分の血管の流動抵抗は半分となる。
e　流動抵抗が半分で圧力差が同じであれば、血管には 2 倍の血流を流すことができる。

4. 血管の半径を半分にしたときに血液の**流量**はどれだけになるか、次の中から選べ。

a　変わらない　　　b　$\frac{1}{2}$

c　$\frac{1}{4}$　　　　　　d　$\frac{1}{8}$

e　$\frac{1}{16}$

5. 血管の半径を半分にしたときに血液の**流速**はどれだけになるか、次の中から選べ。

a　変わらない　　　b　$\frac{1}{2}$

c　$\frac{1}{4}$　　　　　　d　$\frac{1}{8}$

e　$\frac{1}{16}$

6. 正常な血液の粘性係数は 4×10^{-3} Pa·s である。これを生理学で使用するP（ポアズ）という単位で表すとすれば正しいものはどれか。次の中から選べ。（P〈ポアズ〉は $\dfrac{g}{cm \cdot s}$ のことである。）

a　4×10^{-4} P
b　4×10^{-3} P
c　4×10^{-2} P
d　4×10^{-1} P
e　4P

7. 毛細血管を1,000本並列にならべると，全体としての流動抵抗は1本だけのときの何倍になるか。次の中から選べ。

a　10^{6} 倍
b　10^{3} 倍
c　そのまま
d　10^{-3} 倍
e　10^{-6} 倍

8. 次の（　　）の中に適当な数値を記入せよ。
血液量は70kgの成人男性では約（　　）Lであり、安静時に身体を1周する時間は約（　　）秒で、心拍数は毎分（　　）回前後である。血液の密度は約（　　）kg/m³であり、水とほぼ同じである。

まとめと確認

□静止している液体と圧力

- 変形が容易な液体が静止して動かないということは、液体自身の重さを考慮しなければ、液体内のどの面をとっても、その面にかかる圧力が同じであることを意味する。液体自身の重さを考慮に入れると、液体内の上下で液体自体の重さによる圧力の差が生じている。P_1, P_2 を上面と下面の圧力、液体の密度を ρ、上下の高さの差を h とすると、$P_2 = P_1 + h\rho g$ が成立する。

- 静止した液体の一部に圧力をかけると、これにつながっているすべての液体内の圧力は同じだけ増加する。液体を使ったこのような力の伝達機構を油圧システムといい、車のブレーキや多くの機械での力の伝達に使われている。

- 1気圧は水銀柱で760mmの高さの圧力のことで、次のような単位で表される。
  760mmHg $= 1.013 \times 10^5$ Pa（1013hPa）$= 1.03$ kg重/cm^2

□生理学での圧力の測定とその取り扱い

- 個人差や年齢差があるが、心臓から大動脈に送り出される平均の血圧は93mmHg、大静脈にから心臓に返る血圧は5mmHgであり、ヒトは約90mmHgの圧力差で血液を全身に循環させている。

- ヒトが立っているとき、血圧は血液自体の重さにより測る部位の高さにより大きく異なる。血液の密度を考慮して計算すると、心臓の位置では約93mmHgであるのに対し、頭部では70mmHg、足の先では200mmHgとなる。身体を横たえているときには、すべての部位で血圧は約93mmHgで変化しない。正確に血圧を測定するには、測定位置は必ず心臓の高さで行う必要がある。

- 立っているときに、静脈系での心臓への円滑な還流を図るために、下半身では血液の滞留と逆流を防ぐ必要が生じる。そのため、静脈の血管は骨格筋で周りを圧迫されており、血管内部には逆流防止弁が備わっている。

□粘性流体の法則とパイプライン構造

- 液体の「べとつき」の度合いを表す指標を粘性率という。
  水の粘性率は20℃で 1.00×10^{-3} Pa・s、血液の粘性率は体温である37℃で 4.0×10^{-3} Pa・s である。

- 医療の世界では、粘性率はcP（センチポアズ）という単位が使われることが多い。血液の粘性率は37℃で4.0 cPとなる。

- 層流をなしてパイプを流れる液体ではハーゲン・ポアズイユの法則が成立する。長さ l、管の内半径 a のパイプに粘性率 η の液体を流すとき、パイプの入口と出口での液体の圧力

差を Δp とすると、$Q = \dfrac{\pi a^4 \Delta p}{8\eta l}$ となる。Q はパイプを流れる 1 秒あたりの流量である。

- 式からわかるように、1 秒あたりの流量はパイプの径の 4 乗に比例する。圧力差が同じであるとすると、半径が 2 倍のパイプでは 16 倍の流量が、3 倍では 81 倍の流量が得られる。
- $R = \dfrac{8\eta l}{\pi a^4}$ を流動抵抗として定義すると、ハーゲン・ポアズイユの法則は $R = \dfrac{\Delta p}{Q}$ となる。ΔP を電圧 V、Q を電流 I と置き換えると、この式は電気で知られているオームの法則となり、R は電気抵抗を表す。よって、多くのパイプの組み合わさったパイプラインの設計は、同等な電気回路の設計に置き換えて計算することができる。

□ヒトの血液循環系

- ヒトの血液循環系は肺循環系と体循環系に分けられる。肺循環系により血液は心臓から肺に送られ、酸素を供給されて心臓に帰ってくる。体循環系により心臓から送り出された血液は、大動脈を通り、脳、腕・肩、肝臓、小腸、大腸、腎、脚といった全身の各器官に配分され、各器官の小動脈や毛細血管、小静脈からなる血管組織（血管床）を経て大静脈に集まり、心臓に還流する。
- 平均的な成人男性では、体循環系は約 90mmHg の圧力差で血液を循環させており、血液量は約 5L である。安静時には血液は約 1 分で身体を循環し、心拍数は毎分 60 回前後である。
- 主な器官の血管床は大動脈と大静脈につながっている。各血管床は適切な流動抵抗を持ち、必要な血流量を大動脈から受け取っている。
  これに対して、小腸や大腸の血管床は、代謝や解毒の機能をもつ肝臓の血管床を経て大動脈と大静脈につながる形をとる。
- それぞれの器官の血管床（血管の構造）において、血管の径が大きい大動脈や大静脈では、血管の内径の 4 乗に逆比例する流動抵抗はきわめて小さく、圧力降下はほとんど起こらない。また、末端の毛細血管では、内径は小さく、血管 1 本 1 本の流動抵抗はきわめて大きいものの、きわめて多数の血管から成り立っており、合成した抵抗は小さい。一番大きい流動抵抗を示すところは、血管床の 3 次前後の小動脈であり、身体の必要に応じた血流量のコントロールは、この部分の血管壁の筋線維（平滑筋）により血管の内径を調整することで行っている。

□肺胞とラプラスの法則

- 水滴の球の半径を R、内側の圧力と外側の圧力の差を ΔP、球に働く表面張力を T とすると、ラプラスの法則より、$\Delta P = \dfrac{2T}{R}$ が成り立つ。シャボン玉の場合、表面張力は裏と表の面で

働くので、$\Delta P = \dfrac{4T}{R}$ となる。表面張力は半径 R にはよらず一定である。

- 半径の大きい球の内圧と半径の小さい内圧を比べると、小さい球のほうが内圧は大きいので、大きさの違う2つのシャボン玉を細い管でつなぐと、小さいシャボン玉はつぶれ、大きいシャボン玉はさらに大きくなって小さいシャボン玉を吸収してしまう。

- 肺の内部には、数億個の 0.2mm ほどの丸い風船のような形をした肺胞があり、肺胞とこれを囲む毛細血管との間で、血液の中の炭酸ガスを排出させ、酸素を吸収させている。隣同士の肺胞は肺胞孔という穴でつながっているので、シャボン玉の例のように、大きさの違う肺胞がつながっていると、小さな肺胞はつぶれていき、大きな肺胞はさらに大きくなっていくという破滅的な結果が予測される。こうならないのは、肺胞の表面にある特別な界面活性剤が内径の減少とともに表面張力を下げる機能を果たしているためである。

- 肺気腫という病気は、何らかの原因でこうした機能が損なわれ、小さな肺胞が次々と大きな肺胞に吸収されて、巨大な嚢胞を形成することが原因である。

第5章
人体と放射線

> **この章で学べる医学・歯科医学のポイント**
> ## ▶放射線医学の基礎
> - 原子核の構造とその性質
> - 原子核反応による巨大エネルギーの発生
> - 放射線の発生と人体への影響
> - 放射線強度と人体への影響の定量化とその単位
> - 密度の大きな物質によるγ線の遮蔽法

　2011年3月11日に発生した東京電力福島第一原子力発電所の炉心溶解事故は、かつてない規模の放射能汚染を引き起こし、多くの住民が長年積み上げた生活のすべてを失い、5年が経過した今日でも苦しい避難生活を余儀なくされている。また、事故現場では今後数十年にわたる未経験で困難を極めることが予想される大規模な廃炉作業が緒についたばかりである。

　広範な人々の健康にかかわる深刻な事故を前にして、医療人を目指す学生としてどのように考えていけばよいのであろうか。こういう場合だからこそ、冷静に真摯な態度で、放射線とはどういうものか、人体にどのような被害をもたらすか、被曝の程度はどのように計測されるのか、被曝を最小限に止めるにはどうすればよいかなどを科学的に正確に理解しておくことが必要である。原子力は無条件に恐ろしいものであるとか、放射能はどんなに少なくても絶対拒否するといった感覚本位の行動や考え方は、人々の間に感情的で無意味な対立を引き起こし、今後に向けた建設的な議論には結びつかない。

　医学、歯科医学教育のカリキュラムでは、放射能と放射線については、医療の場で使用することになるエックス線（以下、X線と表記）の発生方法と使用方法、X線の人体への影響といった内容を中心に、第3学年での放射線学として学習する。この章ではそのための橋渡しとして、高校で学んだ物理学を発展させて、原子核、放射能、放射線と人体、放射線の防御法について概説し、原子力問題を考えていく素地としたい。

5.1　原子核と放射能の基礎知識

　放射能とは物質が放射線を放出することを言い、原子の中心に位置する原子核に由来する性質である。第1章で述べたように、光の波長は千分の1mm程度、物質を構成する原子の大きさはその1万分の1、原子核はさらにその1万分の1程度の大きさであり、1個の原子を大きな体育館の大きさに例えると、原子核の大きさは人間の小指の先の大きさとなる。また、原子核の質量は周りを囲む電子の質量に比べて格段に大きく、大きさは1万分の1であるのにかかわらず、原子全体の質量のほとんどを占めている。

　原子は原子核とその周りを回る電子により構成されている。われわれの周りのあらゆる物質を形づくる基になっている原子間の結合力は、この電子によって生じる。単純な無機質から複雑な生体物質に至るまで、すべての物質の性質の違いは電子の振る舞いで説明される。

　原子核は陽子と中性子からなり、これらを核子という。核子は電子の結合力の百万倍の力で結

合している。電気の力はプラスとマイナスは引き合い、プラス同士やマイナス同士の電荷は接近すると反発力を生じるが、原子核の中では複数の陽子は互いにプラスの電荷を持ち、かつ極端に接近しているにもかかわらず、非常に強い力で結合して安定な原子核を形成している。中性子は電気的には中性であるが、これも含めての原子核を束ねる結合力を核力という。湯川秀樹博士は1935年、この核力を媒介する中間子の存在を理論的に予言し、その業績により1949年、日本人初のノーベル物理学賞を受賞している。核力の大きさが電子の関与する力の百万倍であることは非常に重要で、1930年代から原子核の性質と原子核反応の研究が急速に進み、第2次世界大戦中に軍事的要請と絡んで原子爆弾の完成に至ったことはよく知られている。

　原子の種類は原子核に含まれる陽子の数で決まり、この数を元素の原子番号という。原子番号 Z の元素の原子核は Z 個の陽子をもつ。原子核に含まれる中性子の数を N とすると、原子核を構成する核子の総数は $Z+N$ となり、これを質量数という。

　原子核に他の原子核や陽子や中性子などを衝突させると、原子核が不安定になり放射線を出して別の原子核に変わっていく現象がある（原子核反応）。

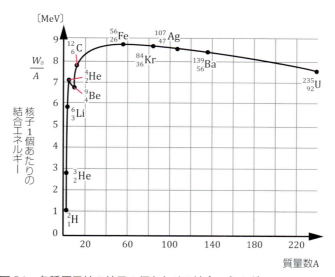

図 5.1　各種原子核の核子 1 個あたりの結合エネルギー

　図 5.1 は各種原子核の核子 1 個あたりの結合エネルギーを表している。横軸の質量数 60 前後で原子番号 26 の鉄の原子核周辺の結合エネルギーが一番大きく、このあたりの原子核が一番安定であることを示している。この図の左端の水素 H の原子核を超高温で結合させ、より安定なヘリウム He 原子核をつくると、H と He の結合エネルギーの差に相当する大きなエネルギーを得ることができる（核融合反応）。

　図の右端、ウラン U などの質量数の大きな原子核が分裂すると、より安定な質量数 100 前後の 2 つの原子核となり、ここでも巨大なエネルギーを放出する（核分裂反応）。縦軸のエネルギーの大きさは MeV 単位であり、電子の関与する通常の化学反応のエネルギー eV（電子ボルト）の百万

倍の大きさであることを示している。単位の詳しい説明は次節にて行う。

こうした原子核反応で発生する放射線は次の4種類である。放射線を身体に浴びることを被曝という。原水爆での被曝は「被爆」という字を使用する。

- アルファ線（α線）高速のヘリウムの原子核　記号：α
  電子の電荷を $-e$ とすると電荷は $+2e$
  質量は陽子や中性子（両方ともほぼ同じ質量をもつ）の4倍
- ベータ線（β線）高速の電子や陽電子の流れ　記号：β^-、β^+
  電荷はそれぞれ $-e$ と $+e$、質量は陽子や中性子の約千分の1
- ガンマー線（γ線）波長のきわめて短い電磁波　記号：γ
  電荷 0、質量 0
- 中性子線　高速の中性子の流れ　記号：n
  電荷 0、質量は陽子と同じ

5.2　原子核と原子核反応の表し方

電子の電荷は -1.60×10^{-19} クーロンであり、これを $-e$ と表記すると、原子核を構成する核子の1つである陽子のもつ電荷は $+e$ である。もう1つの核子である中性子は電荷を持っていない。陽子と中性子の質量はほぼ同じく 1.67×10^{-27} kg である。原子番号 Z の元素の原子核は $+Ze$ の電荷をもつ。質量数は核子（陽子と中性子）の総数である。

原子核を表すには、元素記号の左上に質量数、左下に原子番号を付けて表す。たとえば、原子質量単位の基準となっている原子番号6、質量数12の炭素は、

$^{12}_{6}\text{C}$ と書く。炭素原子1個の質量の $\frac{1}{12}$ を原子質量単位（記号 u）として、原子核の質量を表す単位に用いることがある。1u を単位として原子の質量を表した値を原子量という。自然界には原子番号が同じで質量数が違う原子が多く存在しており、これを同位体という。同位体は同じ化学的な性質を示す。

α線（α粒子、He の原子核）を放出する原子核反応をα崩壊という。α崩壊の一例として、ラジウム226の原子核の変化は次のように表す。

$$^{226}_{88}\text{Ra} \rightarrow {}^{222}_{86}\text{Rn} + {}^{4}_{2}\text{He}$$

α崩壊では原子番号と質量数は保存する。

β線を放出する核反応をβ崩壊という。β崩壊の例として年代測定に利用される炭素14の崩壊は、

$^{14}_{6}\text{C} \rightarrow {}^{14}_{7}\text{N} + \text{e}^-$ と表す。

β^- 崩壊では電子 e^- を放出する。質量数は変化せず、陽子数、つまり原子番号の数が1だけ大き

な原子核に変化する。また、陽電子 e^+ を放出する β^+ 崩壊では、質量数は同じで原子番号の数が1だけ小さい原子核に変化する。

γ線を放出する核反応をγ崩壊という。γ崩壊では原子番号も質量数も変化しない。

原子や分子が関係する化学反応では、エネルギーの単位として eV（電子ボルト）を使う。1eV は1個の電子を1Vの電圧で加速したときに得られる運動エネルギーで、1.6×10^{-19} J に相当する。たとえば、「水素原子の電子を電離してイオンにするのに必要なエネルギーは 13.6eV である」、「炭素 C と酸素 O が結合して2酸化炭素 CO_2 となる化学反応では、炭素原子1個あたり 16.6eV のエネルギーを発生する」などと表現する。

eV は電子のもつエネルギーを記述するのに便利な単位として使われる。個々の電子のもつエネルギーはきわめて小さいように思われるかもしれないが、実際の反応、たとえば 1mol の物体の反応では、原子や分子の個数倍（アボガドロ数 6×10^{23} 倍）のエネルギーとなる。

電子のもつエネルギーを表す単位 eV に対して、原子核の反応では eV の百万倍の単位、MeV（ミリオン〈百万〉電子ボルト）を単位とすることが多い。中性子を吸収して核分裂が生じ、膨大なエネルギーを生じるウラン 235 の核反応式は主として次の2つとなる。

$$^{235}_{92}U + ^{1}_{0}n \rightarrow ^{141}_{56}Ba + ^{92}_{36}Kr + 3^{1}_{0}n$$

$$^{235}_{92}U + ^{1}_{0}n \rightarrow ^{103}_{42}Mo + ^{131}_{50}Sn + 2^{1}_{0}n$$

中性子は $^{1}_{0}n$ で表している。この核分裂で生じる運動エネルギーはウラン 235 の原子核1個あたり約 200MeV である。この核分裂で注目すべき点は、核反応の結果として3個ないし2個の新たな中性子が発生することである。この性質をうまく利用することで、これらの核反応を連続して起こすことが可能になる。これを連鎖反応という。

核融合反応の例としては太陽の中心で起こっている核反応がある。4個の水素原子核（陽子）が超高温で核融合してヘリウムの原子核と2個の陽電子 e^+、2個のニュートリノができる。この反応で約 24MeV のエネルギーが放出される。

$$4^{1}_{1}H \rightarrow ^{4}_{2}He + 2e^+ + 2\nu_e \quad \nu_e は電子ニュートリノ^* を表す。$$

*ニュートリノ　中性微子　素粒子の1種　電荷0、わずかの質量をもつ

核反応や放射性元素の崩壊で発生するα線、β線、γ線、高速中性子線はすべて MeV を単位とする高いエネルギーをもつ。

5.3　放射線と人体

身体が外からの放射線を浴びることを外部被曝という。α線とβ線による外部被曝では、これら

の放射線はともに電荷をもっているために電離作用が強く、そのほとんどが身体の表面で吸収され、人体の内部の臓器への影響はほとんどない。α線を例にとると、α粒子が原子のそばを通ると、この粒子がもつプラスの電荷により原子の電子が引かれて軌道から外れ、原子と電子が分離して原子は陽イオン化する。このときα粒子自身のもつ運動エネルギーは大きく減少する。物体は電荷を持った粒子に対しては、自身の電子を鎧のようにまとって防御していると考えてよい。そのため、α線は薄紙で、β線は簡単なプラスチックやアルミ箔で防ぐことができて、身体がα線やβ線に直接さらされても、目では角膜に、身体では皮膚の表面にわずかに影響が出るだけで、脳や内臓、生殖器など生命そのものに関連する臓器にはほとんど影響を及ぼさない。

食物の摂取や呼吸などにより、放射性元素を体内に取り込んで被曝することを内部被曝という。内部被曝の場合はα線やβ線の影響を直接体内で受けるために内臓への影響が大きく、かつ、その影響が長期に続くため、放射性元素の体内への取り込みは極力避ける必要がある。特に食物となる農産物などの放射能汚染に対しては十分な検査が必要とされる。

中性子は、核分裂や核融合などの核反応で大量に発生するが、放射性元素の自然崩壊では発生しない。

以上により、今回の原発事故のように原子炉内に蓄積された各種の放射性物質、いわゆる「死の灰」の拡散による人体への外部被曝の影響を考えるときは、主にγ線の影響のみを考えればよい。γ線は核反応由来の電磁波をさす名称で、電子由来のX線よりも格段にエネルギーが高い。X線自体も人体に対しては有害であり、その取り扱いには細心の注意が必要で、医療現場には法的にも多くの規制が設けられているが、γ線はさらにエネルギーが高く、身体の中心部を透過して、遺伝子であるDNAやタンパク質などの生体高分子の結合を切断し、身体の組織をガン化させたり、細胞の再生自体を不可能にして壊死させる作用をもつ。

今回の原発事故の放射能汚染で問題になっている放射性物質の種別と代表的な元素は次のとおりである。

●揮発性放射性物質

次の3種の放射性元素は揮発性で放射能汚染の主要3核種と呼ばれる。これらは揮発性で水に溶けやすく、大気中に放出された後に化合物の形で雨粒に混ざり土壌を汚染する。

・セシウム137、記号：$^{137}_{55}\text{Cs}$ （中性子82個、陽子55個）

物理的半減期30.04年、生物学的半減期70日、実効半減期70日
放出放射線　β線とγ線

・セシウム134、記号：$^{134}_{55}\text{Cs}$ （中性子79個、陽子55個）

物理的半減期2年、生物学的半減期70日、実効半減期64日
放出放射線　β線（全身、特に筋肉に蓄積）

第5章　人体と放射線

・ヨウ素131、記号：$^{131}_{53}\text{I}$（中性子78個、陽子53個）

物理的半減期8.02日、生物学的半減期138日、実効半減期7.6日
　放出放射線　β線とγ線（甲状腺に溜まりやすい、逆にこの性質を利用して甲状腺に対する放射線治療に利用することがある）

●固体の放射性物質

　固体の放射性物質の代表的なものはストロンチウム90で、化学的には酸素や他の物質と化合し酸化物などの形態で存在する。揮発性は低く、水に溶けにくい。その他、原子炉内でウランの核反応によってつくられるプルトニウム239などがこれに相当する。

・ストロンチウム90　記号：$^{90}_{38}\text{Sr}$（中性子52個、陽子38個）

物理的半減期28.7年、生物学的半減期49.3年、実効半減期18.2年
　放出放射線　β線（骨に集積しやすいので特に注意が必要）

・プルトニウム239　記号：$^{239}_{94}\text{Pu}$（中性子145個、陽子94個）

物理的半減期2万4千年、生物学的半減期200年、実効半減期198年
　放出放射線　α線（肺に蓄積しやすい）

●不活性放射性物質

　ウランの核分裂生成物であるキセノン135やクリプトン85などは不活性放射性物質の代表的なもので気体として存在する。反応は起こさず、人体に留まることはない。空中にあるこうした不活性放射性物質からの放射線の影響も懸念されているが、影響は軽微である。

　記載した物理的半減期とは、放射性元素自体が崩壊して量が半分になる時間をいう。半減期が過ぎると元素は元の量の$\frac{1}{2}$に、さらに次の半減期で半分の半分、つまり元の量の$\frac{1}{4}$に、次の半減期では$\frac{1}{8}$になる。放射性元素を体内に取り込んだ場合、体内での半減期は、上記の物理的半減期と体外への代謝排出による生物学的半減期による減少を合わせたもので、これを実効半減期という。
　外部被曝で問題になる主な元素はセシウム137とヨウ素131であり、他の放射性元素はこれらを直接体内に取り込んだ場合の内部被曝で問題となる。半減期の長い元素は、放射能レベル自体は低い場合が多く、逆に半減期が短い元素は、急激に減少するが初期の放射能レベル自体は高いことが多い。
　ヨウ素131はセシウム137に比べると、その半減期は数日と短いので外部被曝は早期に減少する。摂取する食品を経由して体内に取り込まれた内部被曝では、このヨウ素131は甲状腺に集ま

り甲状腺ガンの発生確率が上がることが知られている。特に細胞分裂速度が速い乳幼児や子供で顕著であり、放射性ヨウ素による被曝の可能性がある緊急時には、通常のヨウ素を含むヨウ素錠剤を服用して、事前に甲状腺への蓄積を飽和させる措置が取られる。

5.4 放射線の影響の定量化と使用単位

人体に対する放射線の影響を定量的に見積もるために、数種類の物理量が導入されている。名称と定義、SI単位系での単位の名称は次のとおりである。なお、併記している旧単位とはSI単位系の制定以前に放射線を扱う学会や業界で長く使用されていた歴史的な単位のことで、医療関係者は今日でも旧単位からSI単位への換算が必要になることが多い。

- 線源強度（1秒間に崩壊する原子核の個数）
  単位：Bq（ベクレル）
  （旧単位はCi〈キュリー〉 1Ci=3.7×10^{10}Bq）
- 照射線量（その地点での被曝の量、空気の電離量で計測する）
  単位：C/kg（クーロン/kg）
  （旧単位はR〈レントゲン〉 1R=2.58×10^{-4}C/kg）
- 吸収線量（物質に吸収された放射線のエネルギー）
  単位：Gy（グレイ J/kg）
  （旧単位はrad〈ラド〉 1Gy = 100rad）
- 等価線量
  （放射線の種類による人体に与える効果が異なることを考慮した吸収線量）
  単位：Sv（シーベルト）
  （旧単位はrem〈レム〉 1Sv = 100rem）
- 実効線量
  （致死確率を考え、組織や臓器別の等価線量を全身被曝での等価線量に換算した量）
  単位：Sv（シーベルト）
  （旧単位はrem〈レム〉 1Sv = 100rem）

●線源強度

線源強度（Bq）は放射能の強さを表す量で、放射性物質の原子核が1秒間にどれだけ別の原子核に変わるかで表す。たとえば、ラジウム1gの線源強度は3.61×10^{10}Bqである。液体では1Lあたりの線源強度Bq/L、固形物では1kgあたりの線源強度Bq/kgのように使用される。福島原発事故による放射能汚染対策として、厚労省が2012年4月から使用しているセシウム137の許容限界値は、一般食品100Bq/kg、乳児用食品50Bq/kg、牛乳50Bq/kg、飲料水10Bq/kgである。（1年間の摂取量を考慮して、年間の被曝実効線量が1mSv以下になる値に相当する。これは人体が自然界から受ける年間の被曝線量〈世界平均2.5mSv、日本では1.5mSv〉の半分程度の厳しい規制

となっている。ちなみに、EUでの農産物の出荷許容値は1,000Bq/kgである)。

われわれの身の回りには多くの放射線源となる食物があり、よく知られているものにカリウム40（半減期12.5億年）がある。カリウム40は$β^-$崩壊してカルシウム40となる。

$$^{40}_{19}K \rightarrow {}^{40}_{20}Ca + e^-$$

カリウム40は、干し昆布2,000Bq/kg、干しシイタケ700Bq/kg、お茶600Bq/kgなど多くの食品に含まれており、人間の身体にも100Bq/kg、つまり60kgの大人にはカリウム40が6,000Bqのβ線を出し続けている。これらの食物や身体での線源強度に比べると、上記の食品許容基準値は厳しすぎるほど小さいということができる。

●照射線量

照射線量は、その地点での乾燥空気の電離能力で計測されるX線やγ線の線量であり、単位は空気1kgあたりの電離された電気量クーロン（C/kg）で表す。1928年に自由空気電離箱で測定される量を初の国際的な共通単位として導入したもので、最も歴史のある線量単位である。現在では、この照射線量に代わり、次に述べる吸収線量が使われることが多い。

●吸収線量

放射線の照射により単位質量（1kg）の物質が吸収するエネルギー量（J/kg）を吸収線量という。単位はGy（グレイ）で表す。医療の世界では、診断で使われるmGy（ミリ〈千分の一〉Gy）の被曝から放射線治療で用いられる数十Gyの被曝まで、広範囲の吸収線量を取り扱う。特に、放射線治療の分野では照射する線量を正確に表すことが必要なため、吸収線量をそのまま使うことが多い。

●等価線量

吸収線量が同じであっても、入射した放射線の種類（X線、γ線、α線、β線、中性子線）の違いや、中性子線の場合はその運動エネルギーの違いによって生体に与える影響は大きく異なる。X線やγ線のように透過力の大きい放射線は体内に深く浸透して、単位長さあたりの影響は少ないのに対して、表面で吸収されるα線、β線といった放射線は表面のみに作用し、そこに大きい損傷を与える。よって、放射線防護の世界においては、吸収線量ではなく吸収線量に補正係数である「放射線加重係数」をかけた等価線量が用いられる。単位はSv（シーベルト）である。放射線荷重係数は、X線、γ線、β線は1、陽子線は5、α線は20、中性子線はエネルギーにより5から20までの値をとる。X線、γ線の放射線加重係数が1ということは、X線、γ線による被曝に対しては、等価線量は吸収線量と同じ（1Gy = 1Sv）ということを意味する。

●実効線量

実効線量とは、特定の組織や臓器での被曝によるガンや遺伝的影響のリスクの程度を全身均一被曝での線量で表した値である。被曝のリスクは身体の組織や臓器ごとに異なり、リンパ組織、骨髄、

生殖腺は放射線感受性が高い臓器であり、逆に筋肉や軟骨、骨、神経細胞に対する影響は少ないことが知られている。そこで、各組織や臓器別に、等価線量（吸収線量×放射線加重係数）にその臓器の「組織加重係数」をかけて計算し、それらを足し合わせた総和量として実効線量を定義する。単位は等価線量と同じ Sv（シーベルト）が用いられる。

　組織加重係数の値は組織や臓器の大きさや放射線感受性を考量して定められ、国際放射線防護委員会（ICRP）が数年ごとに勧告を行っている。2007年の勧告値は、肺、骨髄、胃、結腸、乳房が0.12、生殖腺が0.08、甲状腺、食道、肝臓、膀胱が0.04、皮膚、骨表面、脳が0.01などとされており、すべての組織の係数の和は1となる。つまり、全身に透過度の大きいX線やγ線を浴びたときの実効線量は、等価線量と同じとなる。等価線量が各組織・臓器での被曝を表すための線量であるのに対して、実効線量は局所的な外部被曝のみならず、内部被曝による一部臓器のみの被曝も便宜的・比喩的に全身の生物学的リスクに換算して計算できる。しかし、その物理的な意味はやや不明瞭であり、実効線量は全身被曝に近い場合のみに意味があるという人も多い。これから述べる線量は、特に断らないかぎり実効線量である。

　放射性物質は自然界にも存在する。1年間に受ける自然放射線の量は、世界平均では、宇宙線から 0.38mSv、大地から 0.46mSv、空気中のラドンなどから 1.33mSv、食物などから 0.23mSv、計 2.4mSv とされている。日本での平均値は 1.5mSv である。外国には、土地によって年間 4〜15mSv の自然放射線を受けている所があるが、疫学的調査では、ガンや白血病になる人の増加は報告されていない。自然放射線程度の被曝に対して人類は耐性を持っている可能性が大きい。航空機で成田ーニューヨーク間を1往復すると宇宙線により 0.09mSv 被曝し、また、医療関係では、胸部X線撮影1回で 0.07mSv、胃X線撮影1回で 0.6〜2.7mSv、単純腹部CT撮影1回で 7〜15mSv ほどの被曝があり、造影剤を使った腹部CT撮影の被曝線量は 30mSv を超える。

　日本での法令では、一般の人の年間被曝許容限度は自然放射線による被曝に加えて、1年間に 1mSv（計 2.5mSv 程度）と決められている。診療放射線技師や放射線作業従事者は、被曝は可能なかぎり少なくすること、最大でも任意の5年間の平均で年あたり 20mSv、5年のうちのどの1年をとっても 50mSv を超えてはいけないとされている。緊急時の作業では年間 100mSv までは許容される。X線検診やCTによる検査を受ける人に対しては、その有益性を考慮して規制は特に設けられていない。しかし、CT検査での大きな被曝を考えると、安易なCT検査の繰り返しは避けるべきであり、CT機器についても、低線量化への技術的な改良が期待される。

5.5　除染と低放射線被曝

　この節では、前節までの基礎知識を基に、汚染された土地の除染と低放射線被曝について、その問題点と論点を説明する。

　原発事故で汚染された土地の除染作業が進められている。国の長期的な目標は空間線量を毎時 0.23μSv 以下、年間に換算して 1mSv 以下にすることとされているが、現在進行中の除染作業の

短期目標は示されていない。避難指示対象地域は年間20mSv以上の地域とされており、当面の除染作業により早急にこの地域を半減させることが目標とされている。

国の長期除染目標値、「年間1mSv以下」は国際原子力機関（IAEA）が定めた年間1〜20 mSvの範囲の最低値に設定されているが、長期の目標値であるのにもかかわらず、現地では当面の目標値と受け取られており、現場責任者の間には、この値の達成は5兆円をつぎ込んでも不可能という意見が多数である。達成不可能な目標値を追うのでなく、被災者が帰還可能な現実的な目標値を設定し、残る予算は被災者への生活支援と今後の人生設計の費用に回すべきであるという主張があるが、きわめてもっともな意見のように思われる。

広島・長崎への原爆投下によって、1945年12月までに21万人、1950年10月までに34万人を超える人々が亡くなった。1999年9月のJCO臨界事故では、濃縮ウラン工場での臨界事故で2名の作業員が放射線（γ線と中性子線）を全身に浴びて死亡した。人間は、全身に7Sv（7,000mSv）を超えて被曝すると1カ月以内に100％死亡し、4Sv（4,000mSv）で50％が死亡する。また、0.5Sv（500mSv）を超える被曝では重度の急性放射線症を発症することが知られている。

広島・長崎の原爆での生存者の中の12万人の60年にわたる疫学調査[12]では、200mSv以上の被曝では明らかに被曝量と固形ガンの発生率は比例するが、125mSv以下の被曝では統計学上、意味のある相関は見られなかったと報告されている。125mSv以下の被曝によりガンの発生率が増加するかどうかの疫学的検証は、このレベルになると一般のガンの発生率の大きさに対して被曝によるわずかの発生率の増加を検証するには、この疫学調査の十倍の調査対象数が必要とされるためである。幸いなことに、被爆2世への原爆による放射線の影響は見られないと報告されている。

年100mSv以下の低放射線被曝については多くの議論がある。図5.2はLNT仮説（Linear Non-Threshold しきい値なし直線仮説）の模式図である。横軸は被曝線量、縦軸はガンや白血病の発生率を表す。原爆被災者を対象とした疫学調査によると、ガンや白血病の発生率の増加と被曝線量は図の実線で表されるように比例関係を示す。被曝線量100mSv以下について同じ比例関係が成

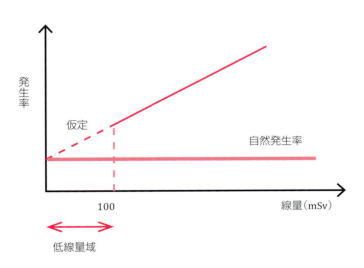

図5.2　しきい値なし直線仮説

立するかは不明であるが、より安全にという考えから、図の点線のように、しきい値なしに比例関係が成立すると仮定し対策を取る、これを LNT 仮説という。しかし、これを短絡的に受け取ると、被曝は 0 でなければならないとの主張につながる。

他方、ある一定の線量以下では放射線の影響はない、むしろラジウム温泉の効用のように健康に益するとの「しきい値あり」の見解もある。生物には長い歴史のなかで培われてきた放射線によるホルミンス（生物活性の増加）効果があることは否定できないし、遺伝子の自己修復力によるともいわれている。

原発事故の後の緊急の研究課題として、このしきい値があるかないかの検証実験が全国で精力的に行われている。しかし、著者の私見ではあるが、こうしたマウスを使った検証実験がいくら進んでも、福島の被災者の不安解消には結びつかないように思われてならない。国が、「汚染された家屋や土地は除染を行って放射能を半減させ、線量は年間 10mSv 以下になりました。健康には問題ありません」と言っても、放射線感受率が 3 倍は高いといわれる乳幼児を抱えた若い母親の不安を克服できるかどうか、多分、若い夫婦は帰還を選ばないと思われる。

多少とも不安を和らげることができる議論があるとすれば、被曝線量に関して日常生活で抱える他の多くのリスクと比較した信頼できる数値が提示できるかどうかである。文献（13）では、国際放射線防護委員会（ICRP）2007 勧告で、LNT を仮定しての被曝による固形ガンによる致死確率の増加は、年 100 mSv の被曝で 1,000 人に 5 人、20 mSv で 1 万人に 1 人、1 mSv で 10 万人に 5 人の増加と見積もられていることを紹介して、これらのリスクを日常生活でわれわれが抱えている他のリスクと比較すべきであると主張している。

日本人男性のガンで死亡する確率は 1 万人に約 2,600 人であり、交通事故により死亡する確率は 1 万人に 1 人、身の回りの化学物質による健康被害によるリスク、たとえば、1990 年代の東京都民のディーゼル排ガスによる肺ガンの生涯死亡リスクは 1 万人に 80 人（被曝 180 mSv 相当、現在はこの $\frac{1}{3}$ 程度に減少）と推定されている。これらより、文献（12）では、当面の具体的な除染目標値として年間 5mSv を提案している。放射性物質の減衰も考慮すれば、15 年間で被曝総量は 50mSv（受動喫煙による肺ガンの死亡リスク相当）以下になり、LNT を仮定してもリスクは健康上の許容範囲で、住民の帰還までの日数の短縮や健康上の不安の解消につながるのではとの意見である。拝聴すべき論だと思われる（この文献によると、喫煙により肺ガンにかかる確率は被曝線量に換算して 1.6Sv〈1,600mSv〉に相当するという）。

今日ほど放射線学の専門家による実証的な研究の積み重ねと多くの建設的な提言が求められているときはない。

5.6 遮蔽による γ 線の防御

γ 線はコンクリートや鉛板によって遮蔽することができる。一般的には原子核が重いもの、つまり質量数が大きい元素は γ 線を減衰させるのに有効である。板状またはブロック状に加工した鉛は遮蔽材としてよく使われており、鉄も遮蔽材の性能としては中程度であるが構造材の役を併せ

持っているとして使用されている。コンクリートは、その組成をいろいろと変えることにより、目的にあった性能の遮蔽材を作ることができる。γ線の遮蔽効果を特に高めるために磁鉄鉱や鉄片を混合したものを重コンクリートという。

必要な厚さの目安は次のとおりである。たとえばセシウム137のγ線（エネルギー0.662MeV）を遮蔽する場合、このγ線強度を100分の1にするためには、鉛では約5cm、鉄では約12cm、コンクリートでは約45cmの厚さのものが必要である。

実際の遮蔽率を見積もる計算例を紹介する。（計算になじめない人は飛ばしても可）

福島原発事故による放射性物質によるγ線（現在では主にCs137による）は1,500keV（1.5MeV）以下のγ線が主で、2.0MeV以上のエネルギーをもつγ線はほとんどないので2.0MeVまでのγ線を遮断することを考える。

1. 質量吸収係数

質量吸収係数は物質によるγ線吸収の尺度を表す指標の1つである。光の吸収と同じように、線吸収係数（普通の吸収係数）の値 μ（単位 cm^{-1}）を使うと、入射γ線の強度を I_0、試料の厚さを d として透過後のγ線の強度 I は、(5-1) 式の最初の式で表される。

物体に入射したγ線は、物質を構成している原子の電子と相互作用をして散乱あるいは吸収される。このγ線の原子との相互作用の確率は、γ線の進路上にある原子の個数に比例すると考えてよく、原子の個数は物質の密度 ρ に比例するので、μ を密度 ρ（単位 g/cm^3）で割った値を使うと便利となる。この値を質量吸収係数といい ω（単位 cm^2/g）で表す。吸収係数 μ は、物質が同じでも密度が異なると変化するため不便なことが多く、こうした計算では ω がよく使われる。ω は原子とγ線の散乱の確率や原子の原子番号、質量数などによって変化する。(5-1) 式の3項目は ω を使った透過強度の式である。

$$I = I_0 e^{-\mu d} = I_0 e^{-\omega \rho d} \tag{5-1}$$

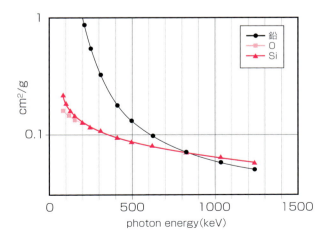

図5.3 γ線に対する質量吸収スペクトル

γ線に対する質量吸収係数スペクトルを図5-3に示す。γ線と物質との相互作用はγ線のエネルギーに依存する。エネルギーが0.5MeVより低い線は、その全エネルギーを電子に与え、電子が原子から飛び出させるのに費やされる（光電効果）。0.5MeVから1.5MeVのエネルギーをもつγ線は、電子と弾性散乱を起こし、γ線はエネルギーの一部を電子に与える（コンプトン散乱）。1.5MeV以上のエネルギーをもつγ線は、電子－陽電子対を生成する。図にあるようにγ線のエネルギーが0.6MeV以下では鉛が効果的にγ線を遮断するが、それ以上では物質依存性はほとんどなくなり、線も水平に近づいてγ線のもつエネルギーにほとんど依存しないことがわかる。

2. 実際の計算例

図5.3より質量吸収係数をより安全に低めに見積もって全域で$0.05\mathrm{cm}^2/\mathrm{g}$とすると、自然対数の底eが2.7であることから、$\rho \times d = 20\mathrm{g/cm}^2$で透過する線量は$\frac{1}{2.7}$に、$\rho \times d = 40\mathrm{g/cm}^2$で$\left(\frac{1}{2.7}\right)^2 = \frac{1}{7.4}$に、$\rho \times d = 46\mathrm{g/cm}^2$で$\frac{1}{10}$となる。密度が$11.34\mathrm{g/cm}^3$の鉛では4cm、密度が$7.30\mathrm{g/cm}^3$の鉄では6cm、密度が$2.3\mathrm{g/cm}^3$のコンクリートであれば20cmで放射線強度は$\frac{1}{10}$に減少する。$\frac{1}{100}$にするには倍の厚さが必要となる。密度が大きければ大きいほど、γ線の透過は少なくなる。概算値ではあるが、実測での傾向を説明している。鉛についての実測との相違は0.662MeVのγ線に対する鉛の質量吸収係数がこの計算で使用した$0.05\mathrm{cm}^2/\mathrm{g}$より大きいためである。

身近な物質の密度は次のとおりである。（単位は$\mathrm{g/cm}^3$）
コンクリート 2.30、普通の煉瓦 1.70、耐火煉瓦 1.80、セメント 3.00
鉛 11.34、鉄 7.30、鋼 7.86、重量コンクリート 2.5～3.6
（重量コンクリートの中には、砂鉄〈$4.54\mathrm{g/cm}^3$〉と赤鉄鉱〈$4.86\mathrm{g/cm}^3$〉を混入して$4\mathrm{g/cm}^3$を実現したものもある。最近では放射能遮蔽煉瓦$4\mathrm{g/cm}^3$も開発されている。）

5.7　この章の終りに

東京電力福島第一原子力発電所の重大事故の後、国を大きく二分する意見の対立がある。原子力政策をどう展開するかという過去から長く続く論争の再燃である。

原子力利用に対する否定論や悲観論の根底には、原子力発電所の安全性を確保できるのかという不安とともに、核廃棄物や放射性廃棄物の数万年にわたる処分方法がいまだ存在しないこと、使用済核燃料の再処理方法の見通しが立っていないことがある。他方、今日の500兆円規模の日本のGDPを維持していくには当面の原子力の利用は不可欠であり、現状が行き詰まっているからといってこれまでの技術の進歩を手放して良いのか、最大限の安全性を追求しつつ解決策を見つけること

は可能ではないかという主張も強い。

　見聞するかぎり、原子力利用否定の論調には今後の日本のエネルギー政策をどう展開していくかの道筋を示す政策論は見当たらない。また、そうなった場合にわれわれが将来許容すべき生活レベルへの言及もない。原子力政策のみでなく、年間20億トンの資源を使い、大気中に13億トンのCO_2と4億トンを超える廃棄物を出している日本社会の現実に対して、こうした現状を将来にわたって持続させることは到底不可能であろうという根底的な問題も同時に提起されていると考えるべきであろう。

　今回の事故のように、東日本全体が壊滅したかもしれない大災害の可能性をもつ原子力発電は、核兵器とともに、世界規模で縮小廃絶していかねばならないことは多くの人が一致して感じていることであろう。そのために国は長期的な課題として英知を集め、総力をあげて取り組まねばならないし、われわれは自身の生活のあり方への反省も深めつつ行動して行かねばならない。

　今回の事故でもう1つ大きな問題として感じることは、科学者や専門技術者への国民の信頼が大きく失墜したことである。科学者、技術者はこのようなときにこそ、誇りと責任を持って国民に真実を伝え、解決の道筋を示さなければならない。国や東京電力に直接関連した科学者と専門技術者の狼狽と定見のない無責任な発言には、唖然とし憤りを感じた人も多かったのではないだろうか。マスコミに登場する教授や科学評論家のあまりにも軽い発言の数々…、「あなた達は本当にこの仕事に一生をかけてきた職業人なのですか」と言いたくなる言動が数多く見受けられた。また、放射能や放射線被曝の専門家は、広島・長崎での被爆以来の長年の研究の蓄積があるにもかかわらず、黙して語らず、科学的な提言を行わなかった。学術会議やほとんどの学会も積極的で建設的な対応はしなかった。科学の真髄は真実や物事の本質を発見し、平和と幸福に貢献することではないのか、そのために最大限の努力をするのが科学者ではないのか、深刻な反省と今後の積極的な対応を期待したい。

　今回の事故で科学者や専門技術者の置かれている現状や問題点が浮き彫りになってきている。科学技術に携わる多くの専門家集団の社会的な課題である。

練習問題

1. 次の文章の（　　）の中に、適当な語句または数値を記入せよ。

原子核は原子の（　　）分の1程度の大きさであり、（　　）ᵃと（　　）ᵇとからなり、原子や分子の結合力の（　　）倍を超える核力といわれる強い力で結びついている。

$^{238}_{92}U$で表されるウランの原子核は（　　）が92、（　　）が238と表記される原子核であり、上記のaが（　　）個、bが（　　）個からなっている。

2. 次の文章の（　　）の中に、適当な語句を記入せよ。

不安定な原子核から放出される放射線には、α線、β線、γ線、中性子線の4種類がある。α線は高速の（　　）の原子核からなる粒子線、β線は高速の（　　）や（　　）からなる粒子線である。γ線はX線より波長の短い（　　）であり、中性子線は高速の中性子からなる。それぞれの放射線は粒子が質量と電荷をもっているかどうかによって、浸透性の大小が決まる。（　　）線と（　　）線は電荷を持っているために浸透性が小さく、人体に対しては皮膚や角膜の表面で阻止されるのに対し、（　　）線と（　　）線は身体の奥にまで到達し、内臓や生殖器などに障害を引き起こす可能性が大きい。

3. α崩壊とβ⁻崩壊について、次の□の中に適当な数値を記入せよ。

$^{238}_{92}U \rightarrow {}^{\Box}_{\Box}Th + \alpha$ 線

$^{42}_{18}Ar \rightarrow {}^{\Box}_{\Box}K + \beta^{-}$ 線

4. 最新の原発の出力は1基約100万kWである。原子炉内の質量数235のウランは中性子を吸収して分裂し、その際に発生する中性子を利用して連鎖反応を持続させ、連続して大きな熱エネルギーを取り出している。この原発で熱エネルギーに変換される質量は1日約3gといわれている。この質量は何Jのエネルギーに相当するか、次のアインシュタインの式を使って計算せよ。

$$E = mc^2$$

mは質量（kg）でcは光速（3×10^8 m/s）である。

5. 次の文章の（　　）の中に入る最も適当な語句、または数値を下記の回答群の中から選んで、その数字を記入せよ。

放射線の被曝は線量で管理されており、許容線量は実効線量と等価線量で規定されている。等価線量は人体の組織・臓器に対する放射線の影響を評価するためのもので、組織・臓器の受ける平均の（　　）線量に（　　）加重係数を乗じたものである。実効線量は組織・臓器ごとの（　　）線量に（　　）加重係数を乗じた値を足し合わせたものである。全身の組織・臓器の（　　）加重係数の値を足し合せると（　　）となる。

1	照射	2	吸収	3	等価	4	実効
5	実用	6	放射線	7	臓器	8	組織
9	器官	10	0.1	11	1	12	3
13	10	14	100				

まとめと確認

□原子核と放射能の基礎知識
- 原子核の大きさは原子の約1万分の1である。放射能は物質が放射線を放出することであり、この現象は原子核に由来する。
- 原子核は陽子と中性子からなり、核力と呼ばれる非常に強い力で結合している。核力の大きさは電子の関与する力の百万倍である。
- 多くの元素のなかで原子番号26前後の原子核が一番安定している。原子番号が最も小さい水素2つが結合して、より安定したヘリウムに変わるとき、また、自然界では原子番号が一番大きいウランが、より安定した2つの原子核に分裂するときには大きなエネルギーを放出する。
- 放射線には、α線、β線、γ線、中性子線の4種類がある。α線は高速のヘリウムの原子核、β線は高速の電子や陽電子の流れ、γ線は波長のきわめて短い電磁波、中性子線は高速の中性子の流れである。

□原子核と原子核反応の表し方
- 原子核は原子番号と質量数で分類される。原子番号は原子核の中の陽子の数で、質量数は陽子と中性子の数の和である。原子の化学的な性質は原子番号で決まる。原子番号が同じで質量数の異なる原子を同位体という。
- 原子核の反応には、核崩壊、核融合反応、核分裂反応などがある。核反応の前後では質量数の和と電気量の和は一定に保たれる。不安定な放射性元素がα線、β線、γ線を放出するとき、これをα崩壊、β崩壊、γ崩壊という。
- 原子や分子の電子が関係する化学反応では、エネルギーの単位としてeV（電子ボルト）を使う。これに対して、原子核の反応で生じるエネルギーは非常に大きく、エネルギーの単位としてeVの百万倍の単位、MeV（ミリオン〈百万〉電子ボルト）を使うことが多い。

□放射線と人体
- 人体が放射線を受けることを被曝という。被曝には外部から放射線を浴びる外部被曝と、食物の摂取や呼吸などにより放射性元素を体内に取り込んで被曝する内部被曝がある。
- 外部被曝では、α線とβ線はともに電荷を持っているために物体の表面で吸収され、人体内部への影響は少ない。γ線はきわめて波長が短く、エネルギーの高い電磁波で、人体への浸透力が大きく、生体高分子の結合を分断し、組織を破壊したり遺伝子を傷つける可能性が大きい。中性子線も人体には非常に有害であるが、核分裂や核融合といった核反応でしか発生しないので、原子炉に蓄積された「死の灰」の拡散による汚染での影響は除外できる。
- 内部被曝は放射線の影響を直接体内で受けるため、臓器への影響が直接的であり、かつ、その影響が長期間続くために、放射性元素の体内への取り込みは極力避けなければならない。

- 福島原発事故での「死の灰」による汚染では、数年経った現在、半減期の長い放射性元素を主に考慮すべきであり、外部被曝ではセシウム 137、内部被曝ではストロンチウム 90 が主な汚染源である。

□放射線の影響の定量化と使用単位
- 放射線の強さと被曝に関する計測には主に次の量が使われる。
  * 線源強度（1 秒間に崩壊する原子核の個数）単位：Bq（ベクレル）
  * 吸収線量（物質に吸収された放射線のエネルギー）単位：Gy（グレイ J/kg）
  * 等価線量（放射線の種類による人体に与える効果が異なることを考慮した吸収線量）
    単位：Sv（シーベルト）
  * 実効線量（組織や臓器別の等価線量を全身（致死確率）に換算した量）単位：Sv（シーベルト）
    被曝量は実効線量で表すことが多い。等価線量から実効線量を求めるときには、組織ごとに組織荷重係数をかけるが、子供の組織荷重係数は大人の 3 倍を超えることがあり、特別の注意が必要である。
- 自然放射線の量は日本では 1.5 mSv/ 年、世界平均では 2.5 mSv/ 年である。医療関係の被曝で特に大きな被曝は CT 検査によるもので、1 回で 7〜15 mSv になる。放射線作業従事者の被曝は可能なかぎり少なくする必要があるが、法令では最大でも任意の 5 年間で 100 mSv/5 年、5 年のうちのどの 1 年をとっても 50 mSv を超えてはならないとされている。

□除染と低放射線被曝
- 人間は全身に 7 Sv を超えて被曝すると 1 カ月以内に 100％死亡し、4 Sv で 50％が死亡する。また、0.5 Sv を超える被曝では重度の急性放射線症を発症する。
- 100 mSv 以下の被曝では、被曝によりガンの発生率が増加するという確証は得られていない。100 mSv 以下の低放射線被曝とガンの発生率との関連について、「しきい値」があるかどうかについては多くの議論がある。しかし、安全のためにこのような低放射線被曝でも線量に比例したガンの発生率があるという考え方を LNT（しきい値なし直線仮説）という。
- 現実的な課題として除染の問題を論じるとき、放射線被曝でのリスクは、われわれが身の回りで許容しているいろいろな種類のリスクとの比較が重要となる。低放射線被爆の問題は決して軽んじてはならないが、必要以上にむやみに恐れる必要もない。

□遮蔽によるγ線の防御
- γ線はコンクリートや鉛板によって遮蔽することができる。一般的には原子核が重いもの、つまり質量数が大きい元素はγ線を減衰させるのに有効である。セシウム 137 によるγ線強度を 100 分の 1 にするためには、鉛では約 5 cm、鉄では約 12 cm、コンクリートでは約 45 cm の厚さが必要である。

練習問題の解答

第1章

1. 5　8　-1　-5　-6　0　-9　5　-11
2. (1) 2　-3　-1
   (2) -3　-5　-2　-5
4. (1) 7.5 回
   (2) 1 光年　9.5×10^{12} km
5. (1) アルミニウム　2.75×10^3
   (2) 銅　　　　　　9.00×10^3
   (3) 真鍮　　　　　8.72×10^3
   (4) 鉄　　　　　　7.88×10^3

第2章

1. (a) 8 倍　(b) 4 倍　(c) 2 倍
2. F_1 によるトルク 20N·m 反時計方向回り
   F_2 によるトルク 17.3N·m 時計方向回り
   全体として反時計方向に回転
3. (a) 応力 10^8 N/m^2、歪 5.0×10^{-4}
   (b) 10^{-3} m=1mm
   (c) 50kg
4. (a) 応力 10^5 N/m^2、歪 10^{-5}
   (b) 10^{-5} m=0.01mm
5. A 側頭筋　B 咬筋

第4章

1. 1.4×10^4 Pa、1.4×10^2 hPa、0.14kg 重 /m^2
2. 水圧だけで 1.9 気圧、地上の 1 気圧を加えて、計 2.9 気圧
3. b
4. e
5. c
6. c
7. d
8. 5L、50 秒、60 回、1×10^3 kg/m^3

第5章

1. 1 万　(a) 陽子　(b) 中性子　百万　原子番号　質量数
   (a) 92　(b) 146（a と b は入れ替えても可）
2. He　電子　陽電子　電磁波　α　β　γ　中性子
3. $^{234}_{90}$Th　$^{42}_{19}$K
4. 2.7×10^{14} J
5. 2　6　3　8　11

参考文献

第1章
(1) 小坂 淳，片桐 暁 著，佐藤 勝彦 監修：(最新の宇宙論物語) 宇宙に恋する10のレッスン. 東京図書，東京，2010.

第2章
(2) Morrison, P.：PSSC物理学2版. 岩波書店, 東京, 1967, 46-49.
(3) 本川 達雄：ゾウの時間ネズミの時間（サイズの生物学）. 中公新書（1087），中央公論社，東京，1992.
(4) Benedek, G. B. and Villars, F. M. H. : Physics with Illustrative Example from Medicine and Biology. 2nd ed., AIP/Springer, New York/Berlin Heidelberg New York, 2000.
(5) Kane, J. W. and Sternheim, M. M. : Physics (Formerly Life Science Physics). John Wiley & Sons, Inc., New York, 1978.
訳書: 石井 千頴 監訳: ライフサイエンス物理学. 廣川書店, 東京, 1980, 63-64.
(6) 金子 隆一：哺乳類型爬虫類. 朝日選書（609），朝日新聞社，東京，1998.
(7) Alexander, R. M. : The Human Machine. Columbia University Press, New York, 1992, 5.
(8) Crompton, A. W. and Parkyn, D. G. : On the Lower Jaw of Diarthrognathus and the Origin of the Mammalian Lower Jaw. Proc. Zool. Soc., London, 140: 737, 1963.
(9) Wikipedia, the free encyclopedia英語版からCC-BY-SA に基づいて引用改変、参照URLは次のとおり．
  ① http://en.wikipedia.org/wiki/Labidosaurus#mediaviewer/File:Labidosaurus.jpg
  ② http://en.wikipedia.org/wiki/Dimetrodon#mediaviewer/File:Dimetrodon_grandis.jpg
  ③ http://en.wikipedia.org/wiki/Therocephalia#mediaviewer/File:Moschorhinus_DB.jpg
  ④ http://en.wikipedia.org/wiki/Thrinaxodon#mediaviewer/File:Thrinaxodon_BW.jpg
  ⑤ http://en.wikipedia.org/wiki/Trirachodon#mediaviewer/File:Trirachodon.jpg
(10) Romer, A. S.: Vertebrate paleontology. 3rd ed., The University of Chicago Press, Chicago, 1966.
    http://palaeos.com/vertebrates/cynodontia/probainognathia.html

・更なる学習のために
Davidovits, P.: Physics in Biology and Medicine. Chap.1: Prentice-Hall Inc., New Jersey, 1975.
Herman, I. P. : Physics of the Human Body. Chap.2, Springer-Verlag, Berlin Heidelberg, 2007.
（訳書：斎藤 太朗, 高木 建次 訳: 人体物理学. 第2章, NTS, 東京, 2009.）

第4章
(11) Kane, J.W. and Sternheim, M.M.: Physics (Formerly Life Science Physics). Chap.17, John Wiley & Sons, Inc., New York, 1978
石井 千頴 監訳: ライフサイエンス物理学. 第17章, 廣川書店, 東京, 1980.

・更なる学習のために
Guyton, A. C. and Hall, J, E. : Textbook of Medical Physiology 11th ed., Saunders, Philadelphia, 2005.
（訳書：御手洗 玄洋 総監訳：ガイトン 生理学 原著第11版. エルゼビア・ジャパン, 東京, 2010.）

第5章
(12) 放射線影響研究所　寿命調査（LSS）報告書シリーズ
    http://www.rerf.or.jp/library/archives/lsstitle.html
(13) 中西 準子：原発事故と放射線のリスク学. 日本評論社，東京，2014.

索引

欧文
Bq（ベクレル）　98
Crompton　32
Gy（グレイ）　98
LNT仮説　101
MeV　95
mmHg　8, 62
Sv（シーベルト）　98
torr（トル）　62
X線　92, 96

あ
圧力（圧縮応力）　8, 36
アボガドロ数（モル分子数）　10, 95
アルファ（α）線　94
アルファ（α）崩壊　94
暗黒エネルギー　4
暗黒物質　4
遠心分離機　54
応力　35
応力－歪曲線　37
オーム（Ω）の法則　72

か
開管圧力計（マノメータ）　64
外部被曝　95
下顎の進化　27
核子　92
核反応　94
核分裂反応　93
核融合反応　93
核力　3, 93
加速度　6, 52
ガンマー（γ）線　94
気圧　60, 62
基礎代謝量　16
基本単位（SI）　5
吸収線量　98
極限圧縮の強さ　37
極限引張り強さ　37
空気抵抗　53
偶力　19
傾斜移動　44
形態学　14
血液循環系　74

血管床（腸間膜）　66, 75, 77
原子核　3, 94
原子核の結合エネルギー　93
原子核反応　93
原子質量単位　94
原子番号　93
原子量　94
咬筋　29, 33
剛性率（ずれ弾性率）　39
合成流動抵抗　72
剛体　18
国際単位系（SI）　4
古生代　27
コロトコフ聴診法　66
根尖移動　47

さ
作用・反作用の法則　17
作用線　18
作用点　17
歯科矯正学　14, 44
弛緩期圧　65
時間の定義　7
時刻　7
歯骨　29
歯根膜　44
歯槽骨　44
歯体移動　47
実効線量　98
質量吸収係数　103
質量数　93
質量の定義　7
収縮期圧　65
重心　22
終速度　53
自由落下運動　52
重力　4, 53
照射線量　98
心臓　65
スケーリング則　14
ストロンチウム90　97
ずり（せん断）応力　39
ずり（せん断）歪　39
静圧　68
静水圧　62

脊柱　25
セシウム137　96
線源強度　98
前腕　22
測定値　8
側頭筋　29, 33
速度　6, 52
組織加重係数　100
咀嚼筋　34

た

大腿骨　24
撓（たわ）み　40
弾性限界点　37
断面2次モーメント　44
中性子　3
中性子線　94
中生代　27
中立面　41
張力　23
椎間板ヘルニア　27
低放射線被曝　100
電子　92
電磁気力　3
電子ボルト（eV）　93
動圧　68
等価線量　98
等加速度直線運動　52
動脈瘤　83
トリチェリーの実験　62

な

内部被曝　96
内部曲げモーメント　41
長さの定義　6
粘性（粘性率）　53, 68

は

ハーゲン・ポアズイユの法則　70
肺気腫　82
肺胞　81
破壊点（破壊応力）　37
パスカルの原理　61
爬虫類　27
半減期　97
万有引力　4
歪　35
ヒト科の下顎骨　34

被曝（被爆）　94
比例限界点　37
ベータ（β）線　94
ベータ（β）崩壊　4
ベクトル　17
ベルヌーイの定理　67
ポアズ（P）　70
放射線　94
放射線加重係数　99
哺乳類　27
哺乳類型爬虫類　27

ま

マノメータ（Manometer）　64
モーメント　18
モル分子数（アボガドロ数）　10

や

ヤング率　37
有効数字　8
陽子　3, 92
ヨウ素131　97
陽電子　94
弱い核力　4

ら

ラプラスの法則　80
流管　68
流動抵抗　71

●著者略歴

豊田紘一（とよだ こういち）

1944 年　福岡県生まれ
1967 年　京都大学理学部物理学科卒業
1973 年　京都大学大学院理学研究科博士課程修了
1977 年　京都大学理学博士の学位を受ける
1976 年　大阪歯科大学　助手（物理学教室）
その後、同　講師、助教授を経て 1987 年　教授
2008 年　大阪歯科大学　副学長
2011 年　大阪歯科大学　名誉教授
2023 年春　瑞宝中綬章を受章

この度は弊社の書籍をご購入いただき、誠にありがとうございました。
本書籍に掲載内容の更新や訂正があった際は、弊社ホームページにてお知らせ
いたします。下記のURLまたはQRコードをご利用ください。

https://www.nagasueshoten.co.jp/BOOKS/9784816013065

医歯系学生のための物理学入門　　　　　　　　　　　　　　　　ISBN 978-4-8160-1306-5

ⓒ 2016. 6.19　第 1 版　第 1 刷　　　　　　　　　著　　　豊田紘一
　 2024. 2.27　第 1 版　第 2 刷　　　　　　　　発 行 者　永末英樹
　　　　　　　　　　　　　　　　　　　　　　　　印　　刷　創栄図書印刷 株式会社
　　　　　　　　　　　　　　　　　　　　　　　　製　　本　新生製本 株式会社

発行所　株式会社　永末書店

〒602-8446　京都市上京区五辻通大宮西入五辻町 69-2
（本社）電話 075-415-7280　FAX 075-415-7290
永末書店 ホームページ　https://www.nagasueshoten.co.jp

＊内容の誤り、内容についての質問は、編集部までご連絡ください。
＊刊行後に本書に掲載している情報などの変更箇所および誤植が確認された場合、弊社ホームページにて訂正させていただきます。
＊乱丁・落丁の場合はお取り替えいたしますので、本社・商品センター（075 - 415 - 7280）までお申し出ください。

・本書の複製権・翻訳権・翻案権・上映権・譲渡権・貸与権・公衆送信権（送信可能化権を含む）は、株式会社永末書店が保有します。